Total Productive Management

Grundlagen und Einführung von TPM -
oder wie Sie Operational Excellence erreichen

2. überarbeitete und ergänzte Auflage

von
Constantin May und
Peter Schimek

Mit einem Geleitwort von Udo Reimer

CETPM Publishing, Ansbach

Schriftenreihe "Operational Excellence"
Herausgegeben von Prof. Dr. Constantin May, Hochschule Ansbach

Bisher in dieser Reihe erschienen:

Nr. 1: May, C.; Schimek, P.: Total Productive Management. Grundlagen und Einführung von TPM - oder wie Sie Operational Excellence erreichen, 2. Auflage, Ansbach 2009.
ISBN: 9-783940-775-05-4

Nr. 2: De Groot, M.; Teeuwen, B.; Tielemans, M.: KVP im Team. Zielgerichtete betriebliche Verbesserungen mit Small Group Activity (SGA), Ansbach 2008.
ISBN: 9-783940-775-01-6

Nr. 3: Blom: Schnellrüsten: Auf dem Weg zur verlustfreien Produktion mit Single Minute Exchange of Die (SMED), Ansbach 2007.
ISBN: 9-783940-775-02-3

Nr. 4: Glahn, R.: World Class Processes - Rendite steigern durch innovatives Verbesserungsmanagement – oder wie Sie gemeinsam mit Ihren Mitarbeitern betriebliche Prozesse auf Weltklasseniveau erreichen, Ansbach 2007.
ISBN: 9-783940-775-03-0

Nr. 5: Koch, A.: OEE für das Produktionsteam. Das vollständige OEE-Benutzerhandbuch – oder wie Sie die verborgene Maschine entdecken, Ansbach 2008.
ISBN: 9-783940-775-04-7

ISBN: 9-783940-775-05-4
Copyright © 2009
CETPM Publishing, Hochschule Ansbach, Residenzstraße 8, D-91522 Ansbach
Tel.: +49 (0) 981/4877-165, http://www.cetpm-publishing.de

Grafikdesign, Layout und Satz: Rainer Imschloß
Illustrationen: Gunther Schaar
Lektorat: Christel May
Druck und Bindung: Sommer Buch- und Offsetdruckerei, Feuchtwangen

Alle Rechte vorbehalten.
Dieses Werk einschließlich aller seiner Teile ist urheberrechtlich geschützt. Jede Verwertung außerhalb der Grenzen des Urheberrechtsgetzes ist ohne Zustimmung des Verlages unzulässig und strafbar. Das gilt insbesondere für Vervielfältigungen, Übersetzungen, Mikroverfilmungen und die Einspeicherung und Verarbeitung in elektronischen Systemen. Die Wiedergabe von Gebrauchsnamen, Handelsnamen, Warenbezeichnungen usw. in diesem Werk berechtigt auch ohne besondere Kennzeichnung nicht zu der Annahme, dass solche Namen im Sinne der Warenzeichen- und Markenschutzgesetzgebung als frei zu betrachten wären und daher von jedermann benutzt werden dürften.

Geleitwort

TPM ist für deutsche Unternehmen seit mehr als 20 Jahren ein Thema. Ursprünglich standen die drei Buchstaben für „Total Productive Maintenance", geprägt durch das Japan Institute of Plant Maintenance (JIPM).

Heute steht TPM für „Total Productive Management". Diese Bezeichnung kommt dem ursprünglichen Sinn, die Wirtschaftlichkeit von Betrieben zu erhalten und zu verbessern, eher nahe. Die bislang erhältliche deutschsprachige Fachliteratur zu TPM orientiert sich vorwiegend an den Anfängen von TPM in Japan, als TPM noch stark auf Instandhaltungsthemen ausgerichtet war. Dies wird allerdings dem aktuellen Umfang von TPM nicht gerecht und führt zu Missverständnissen. Viele verstehen unter TPM noch immer ein Instandhaltungsprogramm oder eine Anleitung zum Reinigen von Maschinen.

Das Centre of Excellence for TPM (CETPM) in Ansbach kommt einer jahrelangen Forderung der deutschen Wirtschaft nach, TPM als ganzheitliches Managementsystem zu dokumentieren und weiterzuentwickeln. Gleichzeitig wird das umfangreiche Methodenwissen den Studierenden an Hochschulen vermittelt.

In meiner über 10-jährigen Praxis als TPM-Berater fällt mir auf, wie wenig Firmen sich intensiv mit diesem hervorragenden System zur Verbesserung von Maschinen- und Anlageneffizienzen beschäftigen. Ganz zu schweigen von den weiteren Möglichkeiten, die TPM bietet, wie bessere Büroeffizienz, Senkung des Krankenstandes oder umweltverträgliche Produktion.

Ein Grund dafür ist sicher, dass es wenig gute Literatur zu diesem Thema gibt. Den Autoren dieses Werkes ist es gelungen, in einer leicht verständlichen Weise die Philosophie, die tragenden Säulen sowie die notwendigen Werkzeuge von TPM zu beschreiben. Sowohl für Führungskräfte als auch für die Werker an den Anlagen wurde so ein umfangreiches und gut verständliches Standardwerk geschaffen. Zahlreiche Praxistipps ermöglichen einen unkomplizierten Einstieg in das TPM-System. Die beigefügten Muster-Formulare helfen bei der raschen und einfachen Umsetzung.

Mit dem Buch „Total Productive Management" wurde ein solides Grundlagenwerk erstellt, auf dem sich nach entsprechender Einarbeitung sinnvoll aufbauen lässt.

Udo Reimer

Vorwort (zur 2. Auflage)

Der Wunsch war bei den Autoren zwar vorhanden, dass das TPM-Buch möglichst viele Leser finden sollte. Aber dass die erste Auflage bereits nach so kurzer Zeit vergriffen sein würde, hätten die Schreiber des Buches nicht zu hoffen gewagt. So ist es natürlich eine große Freude, die zweite Auflage so frühzeitig herausbringen zu können, und die Autoren verbinden damit die Hoffnung, dass diese überarbeitete und verbesserte Auflage noch mehr Leser und Interessierte finden wird.

Obwohl die Zeit zwischen den Auflagen nur relativ kurz ist, haben die Autoren doch die konstruktive Kritik und viele Anregungen der Leser aufgenommen, um das Buch noch lesenswerter zu machen. Über die mehrfachen Hinweise, dass es mit diesem Buch in kreativer Kürze gelungen ist, ein komplexes Thema aufzunehmen, zu beschreiben und in eine umsetzbare Form zu bringen, haben sich die Autoren ganz besonders gefreut. Dies erinnert an den ersten Satz eines Briefes, den ein bekannter Schriftsteller an einen anderen bekannten Schriftsteller richtete. Der Brief begann mit dem Satz: „Mein geschätzter Freund, leider hatte ich keine Zeit, Dir einen kurzen Brief zu schreiben!"

Die Autoren freuen sich, dass gerade die gehaltvolle Kürze bei den Praktikern gut angekommen ist. Dies soll auch in der 2. Auflage nicht zum Nachteil gelangen, wenn auch einige Passagen ein wenig ausführlicher geworden sind. So ist das „Operational Excellence-Reference-Modell" geringfügig überarbeitet worden, um es noch besser an die Praxis anzupassen. Die Beschreibung von Inhalt und Umfang der klassischen TPM-Bausteine hat eine Ergänzung erfahren und auch das Thema „OEE" ist neu überarbeitet und ergänzt worden. Die Praxistipps sind jetzt besser hervorgehoben und farbige Bilder bringen mehr Leben in das Buch. Die Bausteine Autonome und Geplante Instandhaltung sind etwas umfangreicher beschrieben worden, um dem Praktiker noch mehr Anregung zu bieten. Auch die Beschreibung des Bausteins Kompetenzmanagement hat mehr Inhalt und Umfang erhalten. Für den Baustein TPM in administrativen Bereichen wurde der Makigami-Prozess ausführlicher erklärt. Besondere Beachtung hat auch das Thema TPM und Führung gefunden. Führungskräfte und ihr Verhalten sind der Schlüssel für Erfolg oder Misserfolg einer TPM-Initiative. Mitarbeiter müssen gefördert und begleitet werden. Führungskräfte müssen vorbildlich voran gehen und viel Energie und Geduld aufbringen, um Mitarbeiter nachhaltig zu motivieren, ihr Wissen und Können voll einzubringen. Daher haben die Autoren sich auch noch einmal intensiver mit diesem Teil beschäftigt. Darüber hinaus wurde auch das Thema TPM-Einführung überarbeitet und ergänzt. Für viele Firmen ist gerade der Start eines solchen Veränderungsprozesses eine große Hürde, die zu nehmen natürlich von erheblicher Wichtigkeit ist.

Auch die Sinnhaftigkeit des „Award for Operational Excellence" und die darin enthaltene Hilfe bei der Aufrechterhaltung eines Change-Prozesses, besonders für die Führungskräfte, ist deutlicher hervor gehoben worden. Letztlich sollen auch die ergänzten und erweiterten Anlagen von TPM-Formularen und –Unterlagen den interessierten Leser noch besser unterstützen.

So hoffen die Autoren, dass die 2. Auflage mindestens so viele Interessierte finden wird, wie die 1. Auflage, und dass gerade mittelständische Unternehmen, die sich zunehmend für dieses Thema begeistern, einen großen Nutzen aus diesem Buch ziehen können.

Nun bleibt noch, allen die auch bei der zweiten Auflage durch konstruktive Beiträge geholfen haben, Dank zu sagen. Die Autoren haben diese Beiträge sehr geschätzt, sind sie doch ein Signal dafür, dass der Verbesserungs-Prozess natürlich auch bei einem Buch über Verbesserungs-Prozesse greifen muss.

Constantin May
Peter Schimek

Vorwort (zur 1. Auflage)

Warum haben sich die Autoren entschlossen, dieses Buch zu schreiben? Gibt es nicht bereits genug Bücher über TPM? Die Antwort auf die letzte Frage kann nur in zweifacher Hinsicht gegeben werden.

Ja, es gibt bereits Bücher über TPM. Aber die deutschsprachigen TPM-Bücher nehmen mehr oder weniger Bezug auf TPM als einen Ansatz, um die Instandhaltung effizienter zu gestalten. Das war letztlich der Ursprung von TPM als „Total Productive Maintenance". Dieser Ansatz soll an dieser Stelle auf gar keinen Fall kritisiert werden. Wir finden in der Literatur über diesen Ansatz wertvolle Hinweise, gute Anleitung und viele praktische Ratschläge. Das war und ist für viele Interessierte eine große Hilfe. Doch diese Feststellung führt uns zum zweiten Teil der Beantwortung der zuvor gestellten Frage.

Nein, es gibt bis jetzt noch kein Buch über TPM als umfassenden Ansatz, wie die Autoren ihn sehen und wie er sich von Japan ausgehend seit mehr als 30 Jahren entwickelt hat. Dieser Ansatz heißt TPM im Sinne von „Total Productive Management". TPM ist heute viel mehr, als nur eine effiziente Instandhaltung zu gestalten. TPM durchdringt als Managementsystem alle Bereiche eines Unternehmens oder einer Organisation. Richtig angewendet ist es die immer währende Jagd nach Verlusten und Verschwendung in allen Bereichen. Es ist die Einführung eines kontinuierlichen Verbesserungsprozesses im wahrsten Sinne des Wortes. Es ist die Kunst, durch bessere Methoden und Prozesse die Wertschöpfung eines Unternehmens zu steigern und auf hohem Niveau zu halten und damit die Wettbewerbsfähigkeit zu erhöhen. Dabei stehen alle Mitarbeiter eines Unternehmens oder einer Organisation mit ihrem Wissen und Können im Mittelpunkt des Geschehens. Dieses Wissen und Können zu mobilisieren und zum Fließen zu bringen, ist das eigentliche Geheimnis von TPM als umfassendem Management-Ansatz. Und damit kommen wir auch zur Beantwortung der zuerst gestellten Frage.

Die Autoren wollen durch dieses Buch einen Einstieg in den umfassenden Ansatz von TPM als „Total Productive Management" ermöglichen und den interessierten Leser motivieren, den vollen Nutzen aus diesem Ansatz zu ziehen. Dabei geht es nicht nur um die Theorie des Ansatzes, sondern auch um die Anleitung zum Einstieg und praxisnahe Erfahrungen aus unterschiedlichen Bereichen. Unternehmen, die ganzherzig diesen Weg eingeschlagen haben, haben außerordentliche Ergebnisse erzielt und erlebt, wie durch die Mobilisierung des Wissens und Könnens ihrer Mitarbeiter und die damit erzielten Erfolge eine völlig veränderte Arbeitskultur mit dem gemeinsamen Willen zum Erfolg entstanden ist. Diesen Erfolg auch anderen Unternehmen und Organisationen nahezubringen und zur Nachahmung anzuregen, war die Hauptmotivation der Autoren, dieses Buch zu schreiben.

Allerdings ist die Etablierung von TPM kein Selbstläufer. Es ist ein komplexer und aufwändiger Change-Prozess, der erhebliche Anforderungen an die Führungskräfte stellt. Es lauern viele Stolpersteine und Fallen, die umsichtig und mit langem Atem erkannt, umgangen oder beseitigt werden müssen. Aber wenn dieser Change-Prozess ganzherzig, mit Geduld und Beharrlichkeit verfolgt wird, erwarten das Unternehmen ungeahnte, ja gelegentlich unglaubliche Erfolge, die einhergehen mit der Freude am Erfolg und stolzen Mitarbeitern. Die Autoren hoffen, dass dieses Buch dazu beitragen wird, die Wettbewerbsfähigkeit von Unternehmen und Organisationen, besonders in Hochlohnländern, zu stärken und wünschen allen Mutigen viel Erfolg!

An dieser Stelle möchten die Autoren ihren Dank aussprechen an alle, die zu diesem Buch beigetragen haben. Dabei gilt besonderer Dank Herrn Holger Frey von der Osram GmbH für seine Anregungen und Beispiele aus der Praxis und Herrn Gunther Schaar von der Sika Schweiz AG für seine lebendigen Illustrationen, die erfrischend auf Inhalt, Ratschläge und Praxistipps hinweisen.

Constantin May
Peter Schimek

Inhaltsverzeichnis

Geleitwort   3

Vorwort   4

1. Einführung in TPM   11
    1.1 Vorbemerkungen   11
    1.2 Historische Entwicklung von TPM   12
    1.3 Der Begriff TPM   14
    1.4 Die Ziele von TPM   15
    1.5 Die acht Bausteine von TPM   16
    1.6 Ihr Lernerfolg aus diesem Kapitel   22
    1.7 Übungsaufgaben zu diesem Kapitel   24

2. Grundlegende Bausteine von TPM   25
    2.1 Zielgerichtete, kontinuierliche Verbesserung   26
    2.2 Autonome Instandhaltung   40
    2.3 Geplante Instandhaltung   50
    2.4 Kompetenzmanagement   56
    2.5 Ihr Lernerfolg aus diesem Kapitel   63
    2.6 Übungsaufgaben zu diesem Kapitel   65

3. Weiterführende TPM-Bausteine   67
    3.1 Anlaufmanagement   68
    3.2 Qualitätserhaltung   72
    3.3 TPM in administrativen Bereichen   76
    3.4 Arbeitssicherheit, Gesundheits- und Umweltschutz   82
    3.5 Ihr Lernerfolg aus diesem Kapitel   90
    3.6 Übungsaufgaben zu diesem Kapitel   92

4. Die wichtigsten TPM-Werkzeuge   93
    4.1 Übersicht   93
    4.2 5W-Analyse   94
    4.3 Die 5W1H-Analyse   95
    4.4 Die N5W-Analyse   96
    4.5 Das Pareto-Diagramm   96
    4.6 Ishikawa-Diagramm   98
    4.7 Makigami   99
    4.8 Die 5S-Aktion   101
    4.9 Audits   103

4.10 Ihr Lernerfolg aus diesem Kapitel 106
4.11 Übungsaufgaben zu diesem Kapitel 107

5. TPM und Führung 109
5.1 TPM – ein Veränderungsprozess 109
5.2 Die Mobilisierung von Wissen und Können 110
5.3 Die Rolle der Führungskräfte 116
5.4 Ihr Lernerfolg aus diesem Kapitel 122
5.5 Übungsaufgaben zu diesem Kapitel 124

6. Vorgehensweise zur erfolgreichen Einführung von TPM 125
6.1 Die 12 Schritte zur TPM-Einführung 125
6.2 Erfolgsfaktoren einer TPM-Einführung 131
6.3 Ihr Lernerfolg aus diesem Kapitel 132
6.4 Übungsaufgaben zu diesem Kapitel 133

7. Der Award for Operational Excellence 135
7.1 Allgemein 135
7.2 Der Beitritt zu einer „Champions League" 136

8. TPM-Fotos, -Formulare und -Unterlagen 139
8.1 Beispiel für eine OEE-Aktivitätentafel 139
8.2 Beispiele für Mängelkarten 140
8.3 Formblatt zur 5W1H-Analyse 141
8.4 Formblatt zur N5W-Analyse 142
8.5 Checkliste zur Durchführung einer Grundinspektion 143
8.6 Beispiel für Reinigungsplan 144
8.7 5S-Auditformular 145
8.8 Auditformulare zur Autonomen Instandhaltung Stufe 1-3 146
8.9 OEE-Erfassungsblatt 149
8.10 Fischgrät-Diagramme 150

Musterlösungen zu den Übungsfragen 153

Literatur- und Quellenverzeichnis 161

Weiterführende Literatur 163

Stichwortverzeichnis 165

1. Einführung in TPM

1.1 Vorbemerkungen

Das Ziel der allermeisten Unternehmen oder Dienstleister ist es, **Gewinn zu erwirtschaften**, um das Unternehmen am Markt zu sichern, auszubauen und die Anforderungen von Anteilseignern und Beschäftigten zu erfüllen. Auch Verwaltungen oder andere Organisationen verfolgen einen ähnlichen Zweck, indem sie eine besondere Dienstleistung am Markt anbieten und diese möglichst erfolgreich einsetzen. Sicher gibt es noch andere Erscheinungsformen von Unternehmen, Dienstleistern, Verwaltungen oder Organisationen, jedoch liegt die Fokussierung der Anleitung aus diesem Buch besonders auf solchen Erscheinungsformen, die auf einen wirtschaftlichen Erfolg gerichtet sind.

Unternehmen jeglicher Art sind dann besonders erfolgreich, wenn sie ihre **Ressourcen** wie Know-how, Maschinen und Anlagen, Marken und Patente sowie vor allen Dingen ihre Mitarbeiter möglichst **effizient einsetzen**. Hierbei gilt es, das gesamte vorhandene Potenzial dieser Ressourcen beständig einsetzen und nutzen zu können. Es zeigt sich immer wieder, dass aus der schier unendlichen Anzahl von Unternehmen weltweit einige herausragen, denen man **Exzellenz** nachsagen kann. Wie haben es nun diese Unternehmen geschafft, diesen besonderen Status zu erreichen?

Die Business School of London hat durch jahrelange Studien ermittelt, dass etwa ein Drittel der an diesen Studien teilnehmenden Unternehmen in ihrem Betätigungsfeld Exzellenz erreicht haben.
Dabei gilt die Unternehmung als exzellent, wenn sie in mindestens einem Geschäftszweig ihres Betätigungsfeldes Weltmarktführerschaft erreicht hat. Viele Unternehmen versuchen dieses Ziel zu erreichen, aber erreicht haben es nur diejenigen Unternehmen, die ein Produktions- bzw. Managementsystem eingeführt haben und dieses konsequent verfolgen und leben. Unter den erfolgreichen Produktions- bzw. Managementsystemen spielt TPM eine herausragende Rolle.

Der Hauptansatz von TPM als Managementsystem ist die **„Jagd" nach Verlusten und Verschwendung** und deren nachhaltige Eliminierung. TPM als umfassendes Managementsystem bietet ein tausendfach bewährtes Konzept, die **Wertschöpfung zu steigern** und damit die Wettbewerbsfähigkeit zu erhöhen oder zu erhalten und letztlich **Weltklasseformat** zu erreichen.

1.2 Historische Entwicklung von TPM

TPM ist keine der vielen neuen Management-Modewellen, die regelmäßig über die Unternehmen schwappen und sensationelle Verbesserungen versprechen. Die Anfänge von TPM liegen vielmehr bereits **50 Jahre** zurück (vgl. Al-Radhi 2002, S. 103 ff.).

Bis etwa 1950 wurden in Japan Maschinen erst zu dem Zeitpunkt instand gesetzt, wenn eine Störung aufgetreten war. Ab 1951 wurde dann die **vorbeugende Instandhaltung** und 1957 die **verbessernde Instandhaltung** mit dem Ziel der Leistungssteigerung eingeführt. TPM wurde ab den sechziger Jahren in Japan **aus dem Toyota Production System (TPS) heraus entwickelt**. Die Firma Nippondenso Corporation Ltd. aus der Toyota Group hatte eine Vielzahl von Problemen bezüglich ihrer Produktivität und Qualität, sowie Schwierigkeiten mit der zunehmenden Automatisierung. Dies war der Grund, dass sich die Mitarbeiter der Instandhaltungsabteilung wegen der Vielzahl an Störungen überfordert fühlten. Die Maschinen verursachten **häufig Störungen**, wodurch die Effizienz, im Vergleich zu anderen Unternehmen, erheblich niedriger war. Ab 1969 übertrug man die Verantwortung für die Instandhaltung auf die Produktionsmitarbeiter. Dies bildete die Grundlage für **Total Productive Maintenance** (vgl. Nakajima 1995). Nippondenso hat als Mitglied der Toyota Group bei der Weiterentwicklung von TPM die Philosophie des Toyota Production Systems (TPS) integriert. Dies führte dazu, dass bei der Weiterentwicklung von TPM einige Elemente des TPS als gegeben bzw. selbstverständlich vorausgesetzt wurden und bislang keine explizite Erwähnung bei TPM fanden (z. B. das Just-in-Time-Prinzip).

Letztlich allerdings kamen die **TPM-Grundideen** von William Edward Deming und Philip B. Crosby, den Qualitätsphilosophen der 50er Jahre aus den USA. Demings Konzept diente zur Steigerung der Effektivität und der Produktivität in Industrieunternehmen. In seiner Heimat fand er mit seinen Ideen jedoch kein Gehör. Er stellte daraufhin sein System in **Japan** vor. Hier wurden Sinn und Nutzen (Qualitätssicherung, Vermeidung von Verlusten und somit Produktivitätssteigerung) begriffen und erstmals konsequent in die Praxis umgesetzt. Die Mitarbeiter wurden geschult und mit ihren Maschinen vertraut gemacht. Alle Mitarbeiter durften sich einbringen, Verluste suchen und Verbesserungsvorschläge machen. Besonderer Erfolg wurde dadurch erzielt, dass die Mitarbeiter der Instandhaltung, also die Experten, ihre Kollegen von den Produktionslinien schulten, so dass diese die Funktionsweise ihrer Anlagen besser verstanden und somit auch qualifizierter bedienen konnten. Daher hatten die Experten wieder mehr Zeit, sich intensiver mit der eigentlichen vorbeugenden Instandhaltung zu beschäftigen bzw. daran zu arbeiten, Anlagen insgesamt zu verbessern, um den Grad der Verfügbarkeit deutlich zu erhöhen.

Ganz außergewöhnlich war die neue Vorgehensweise von Toyota beim Auftreten von Störungen. Bislang wurden die Montagelinien bei Störungen unter Betrieb gehalten, was sehr häufig an einigen Produkten zu Problemen führte. Von nun an war jeder Mitarbeiter **bei Störungen** verpflichtet, die gesamte Montagelinie **sofort anzuhalten** und die Ursache der Störung zu beseitigen. Dazu begaben sich alle Fachkräfte und Bediener an den Ort, an dem die Störung aufgetreten war, um die Ursache herauszufinden.

Dies war die praktische Anwendung des neuen Prinzips:
Gehe zu Gemba, suche nach Muda, mache Kaizen! Dies bedeutet: Gehe an den Ort des Geschehens, suche nach dem Fehler (oder der Verschwendung) und mache sofort eine Verbesserung!

Erst wenn die Ursache der Störung sicher beseitigt war, durfte die Montagelinie wieder gestartet werden. Das erhöhte den Druck auf die schnelle und gründliche Beseitigung der Störungen. Der Erfolg gab Toyota jedoch recht, die Auswirkungen waren überwältigend. Die **Linieneffizienzen**, die anfänglich unter 50% lagen, erhöhten sich auf über 80%. Noch heute steht Toyota damit an der Spitze der Automobilindustrie. Inzwischen gleichauf steht Nissan mit seinem Betrieb in Sunderland/UK.

Einfluss auf TPM übten außerdem die **„alten deutschen Tugenden"**, wie Pünktlichkeit, Zuverlässigkeit, Ordnung, Sauberkeit, Selbstdisziplin und Qualität aus. Während diese Tugenden in Japan noch gepflegt werden, sind sie in Deutschland zum Teil verloren gegangen, oder gerade erst wieder im Begriff entdeckt zu werden.

1.3 Der Begriff TPM

Hinter der Abkürzung TPM verbergen sich in der Praxis viele verschiedene Begrifflichkeiten, wie z. B. **„Total Profit Management"** oder **„Total Personell Motivation"**. Am meisten verbreitet und am besten das Konzept von TPM repräsentierend sind jedoch die Begriffe „Total Productive Maintenance" und „Total Productive Management". Auch wenn die zwei genannten Ausdrucksweisen für dasselbe Konzept oder besser gesagt, dieselbe Philosophie stehen, besitzen sie doch unterschiedliche Ausprägungen, auf die hier kurz eingegangen werden soll.

„Total Productive Maintenance", wie es von Seiichi Nakajima ursprünglich entwickelt und ab 1971 in Japan eingeführt wurde, sah die produktive Instandhaltung unter Einbeziehung der Mitarbeiter im Mittelpunkt (vgl. Nakajima 1995). Es ging bei diesen Aktivitäten primär um die **Anlageneffektivität** und die **Verlängerung der Lebensdauer der Anlagen**. Dieses Verständnis ist heute noch verbreitet. Viele Unternehmen führen die Autonome Instandhaltung ein und sprechen von einer TPM-Implementierung. Dies ist vor dem Hintergrund des aktuellen TPM-Konzeptes jedoch nicht korrekt. Auch viele Autoren werden dem Umfang von TPM nicht gerecht und stellen es als Instandhaltungs- und Maschinenmanagementprogramm dar (vgl. z. B. Hartmann 2001).

TPM wurde in den zurückliegenden 30 Jahren vom Japan Institute of Plant Maintenance (JIPM) kontinuierlich zu einem **umfassenden Managementsystem** weiterentwickelt. Es umfasst heute acht Bausteine oder Säulen, die in alle betrieblichen Funktionsbereiche hineinspielen. Insofern umschreibt der Begriff **„Total Productive Management"** das Konzept von TPM treffender. Trotzdem kann die Verwendung des Begriffs „Total Productive Maintenance" noch vertreten werden, wenn „Maintenance" mit „Erhaltung" übersetzt wird, also TPM im Sinne einer umfassenden Erhaltung der Produktivität.

1.4 Die Ziele von TPM

Begreift man TPM als ein umfassendes Managementsystem zur Erhöhung der Wettbewerbsfähigkeit eines Unternehmens oder einer Organisation, so ist es notwendig, die **Ziele** von **TPM** klar zu definieren. Jedes Managementsystem muss klare Ziele verfolgen, sonst ist die Sinnhaftigkeit Führungskräften und auch Mitarbeitern nicht zu vermitteln. Da TPM, wie schon erwähnt, von komplexer Natur ist, helfen Ziele auch, die Komplexität aufzulösen und in begreifbare Elemente zu unterteilen. Dies vorausgeschickt, verfolgt TPM die folgenden **fünf Ziele**:

- TPM zielt auf die **Etablierung einer geeigneten Unternehmens- und Arbeitskultur**, um die Effizienz innerhalb der Produktion und aller anderen Bereiche, Prozesse und Systeme ständig und nachhaltig zu verbessern.

- TPM etabliert ein übergeordnetes System, um **sämtliche Verluste und Verschwendungen zu erkennen und zu vermeiden**, wie z. B. Unfälle, Ausfälle und Störungen jeglicher Art, wobei alle Aktivitäten fortgesetzt direkt am Ort des Geschehens und direkt auf die Abweichungen gerichtet sind.

- TPM führt damit einen **kontinuierlichen Verbesserungsprozess** ein, der alle Unternehmensbereiche wie Entwicklung, Produktion, Vertrieb und die Verwaltung umfasst.

- TPM erreicht die Einführung des kontinuierlichen Verbesserungsprozesses mit dem Ziel, sämtliche Verluste und Verschwendungen zu vermeiden, hauptsächlich dadurch, dass **funktionsübergreifende Gruppenarbeit** - wo immer möglich - im Unternehmen eingeführt wird.

- TPM mobilisiert das gesamte Wissen und Können aller Mitarbeiter und erfordert deshalb das umfassende **Engagement aller Betroffenen und Beteiligten**, besonders die volle Hingabe, das Vorleben und die **Unterstützung der Führungskräfte auf allen Ebenen**.

Die Zielerreichung wird mit Kennzahlen in sechs **Zielkategorien** gemessen: Produktivität (P), Qualität (Q), Kosten (C steht für „Cost"), Lieferservice (D steht für „Delivery"), Sicherheit und Umwelt (S) und Motivation (M) (vgl. Abbildung 1).

Die Verfolgung der Zielerreichung muss durch alle Mitarbeiter eines Unternehmens erfolgen. Um dies zu ermöglichen, müssen ihr Wissen und ihre Kompetenzen durch Schulungen verbessert werden. Außerdem müssen sie später in bereichsübergreifenden Kleingruppen zusammenarbeiten können (vgl. De Groot / Teeuwen / Tielemans 2008). Sie sollen die neue Philosophie verinnerlichen und von der Führungsebene vorgelebt bekommen. Nur so kann die nötige Motivation zum „Leben" von TPM erzeugt werden. Das „Leben" von TPM hängt dabei maßgeblich vom **Verhalten der Führungskräfte** ab. Wie wichtig die Rolle der Führungskräfte bei der Freisetzung von Wissen und Können der Mitarbeiter ist, wird im Kapitel 5 behandelt.

1.5 Die acht Bausteine von TPM

TPM basiert auf einem **8-Säulen-Modell** (vgl. JIPM-S 2002, S. 51 f.). Ergänzt um die Basis, Werkzeuge, Ziele und Meta-Ziele ergibt sich das sogenannte Operational Excellence Reference Modell (vgl. May 2007, S. 479 ff.). Unter Operational Excellence werden, der Wortbedeutung folgend, Ansätze verstanden, die zu **hervorragenden betrieblichen Leistungen** führen. Ausgangspunkt ist ein umfangreicher „**Werkzeugkasten**" der sich auch aus Verbesserungsansätzen wie z. B. TQM, Six Sigma, Lean Management oder dem Toyota Produktionssystem speist. Inhalt des Werkzeugkastens sind bewährte Best-Practice-Ansätze und spezielle Werkzeuge wie z. B. 5S, N5W-Analyse, Rüstzeitoptimierung (SMED), Wertstromdesign (VSM), PM-Analyse und viele andere mehr. Damit das Verbesserungshaus ein solides Fundament hat, müssen einige Voraussetzungen gegeben sein:

- Verpflichtung und volle Hingabe des Managements, um TPM den notwendigen Stellenwert einzuräumen,

- Aufbau eines Zielentwicklungsprozesses (jap.: Hoshin Kanri, engl.: Policy Deployment), damit alle Mitarbeiter zielgerichtet arbeiten können,

- Umsetzung von Genba Kanri, auch Shopfloormanagement genannt. Genba (auch Gemba) heißt soviel wie reale Fabrik oder Fertigungsstätte. Bei Genba Kanri geht es darum, dass die Probleme in kurzen, schnellen Regelzyklen direkt am Ort des Geschehens gelöst werden. Eine zentrale Rolle spielen dabei die Hanchos, also die Team- oder Gruppenleiter (vgl. Suzaki 1993, S. 1 ff.),

- Stärkung der Eigenverantwortung aller Mitarbeiter,

- Funktionsübergreifende Teamarbeit,

- Standardisierung von Abläufen und Vorgehensweisen und

- Einsatz von Visualisierung bzw. Visuellem Management (vgl. Greif 1991).

Die **acht Bausteine** (auch Säulen genannt) des Operational Excellence Reference Modells bilden einen Strukturrahmen für die vielfältigen Aktivitäten, die bei der Umsetzung von TPM zu entfalten sind. Im Einzelnen sind dies:

1.) Zielgerichtete, kontinuierliche Verbesserung
2.) Autonome Instandhaltung
3.) Geplante Instandhaltung
4.) Kompetenzmanagement
5.) Anlaufmanagement
6.) Qualitätserhaltung
7.) TPM in administrativen Bereichen
8.) Arbeitssicherheit, Umwelt- und Gesundheitsschutz

Die Zielerreichung wird mit Kennzahlen in sechs **Zielkategorien** verfolgt: Produktivität (P), Qualität (Q), Kosten (C steht für „Cost"), Lieferservice (D steht für „Delivery"), Sicherheit und Umwelt (S) und Motivation (M). Übergeordnete (Meta-)Ziele sind die Erreichung von **Kundenzufriedenheit, Mitarbeiterzufriedenheit, Anteilseigner- bzw Inhaberzufriedenheit** sowie **verantwortungsvolles Handeln der Umwelt und der Gesellschaft gegenüber**. Abbildung 1 verdeutlich das vollständige Operational Excellence Reference Modell.

Der erste Baustein, **„Zielgerichtete, kontinuierliche Verbesserung"** (jap.: Kobetsu Kaizen) wird häufig auch „Kontinuierlicher Verbesserungsprozess" (KVP) genannt. Dahinter verbirgt sich das Prinzip, dass **viele kleine Verbesserungen** eine wesentlich größere Auswirkung auf die Effizienz der Prozesse haben, als wenige einschneidende. Das Ziel dieses Bausteines ist es, **„Null-Verluste"** bei allen Aktivitäten sowohl in der Produktion, als auch im administrativen Bereich zu erreichen. Es handelt sich also um die „Jagd" nach den **16 Verlusten**. Fachleute verbinden diesen Baustein sogar mit einer Verminderung der Herstellungskosten von bis zu 30 %. Methoden, die im Zuge dieses Bausteines angewendet werden können, sind z. B. die 5W1H-Methode (5 x Why (Warum), 1 x How (Wie)) und die N5W-Methode (Neue, verzweigte 5-mal-Warum Analyse). Diese zwei Werkzeuge werden im Rahmen des Kapitels 4 näher erläutert.

Der zweite Baustein **„Autonome Instandhaltung"** (jap.: Jishu Hozen) wird auch Selbstständige Instandhaltung genannt. Alle Mitarbeiter, die direkt an den Produktionsanlagen arbeiten, sollen Verantwortung für die Ausrüstung an ihrem Arbeitsplatz tragen und Störungen schon im Vorfeld verhindern. Es wird das Ziel **„Null-Maschinenausfall"** verfolgt. Mitarbeiter müssen dazu nicht nur ausreichend geschult werden, sondern auch Verständnis dafür entwickeln, dass der Arbeitsplatz sauber gehalten werden muss, alle Bereiche zugänglich sein sollen, und dass die Anlagen aus eigenem Antrieb regelmäßig auf Funktionstüchtigkeit überprüft werden. Für die einzelnen Arbeits- und Wartungsschritte werden Standards definiert, die für die nötige Übersichtlichkeit sorgen.

Die **„Geplante Instandhaltung"** (jap.: Keikaku Hozen) als der dritte Baustein von TPM konzentriert sich auf die **Effizienzverbesserung** von Maschinen und Anlagen und auf eine **hohe Verfügbarkeit**. Dabei sind die Aktivitäten wie bei der Autonomen Instandhaltung auf Null-

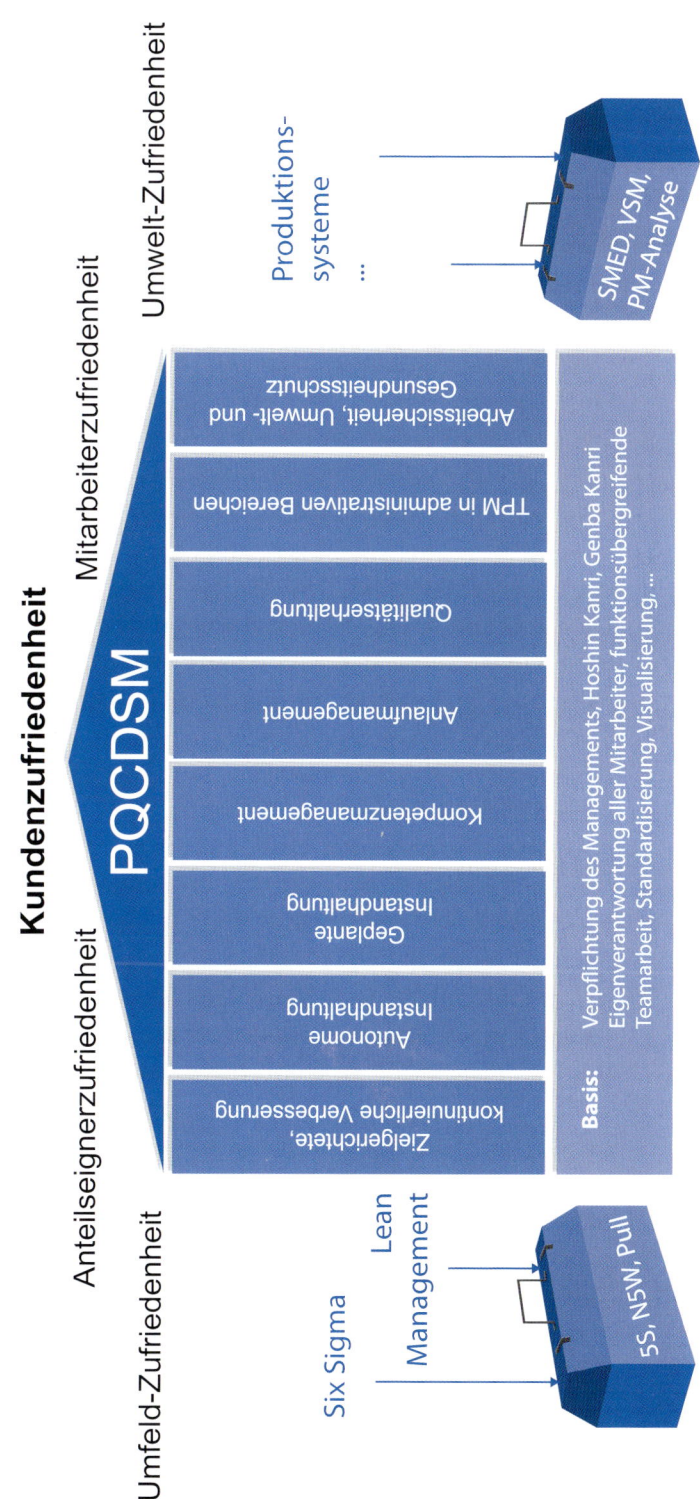

Abb. 1: Die acht Bausteine von TPM im Operational Excellence Reference Modell

Maschinenausfälle gerichtet und nicht mehr auf „Feuerwehreinsätze" bei Kurzstillständen, die nun von den Mitarbeitern der Autonomen Instandhaltung bearbeitet werden.

Die Geplante Instandhaltung ist vielmehr eine **vorausschauende Instandhaltung** und nicht mehr eine Instandsetzung bei plötzlich auftretenden Ausfällen. Durch zeit- bzw. zustandsorientierte Instandhaltung fallen die Anlagen nicht mehr zufällig aus, sondern werden geplant stillgelegt, um die notwendigen vorbeugenden Instandhaltungsarbeiten durchzuführen.

Auch durch korrigierende Instandhaltung oder eine Änderung des Prozessdesigns und durch ein entsprechendes Ersatzteil-Management wird die Verfügbarkeit der Maschinen und Anlagen maximiert.

„Kompetenzmanagement", teilweise auch „Schulung und Ausbildung" (jap.: Kyaiku Kunren) genannt, greift als vierter Baustein in alle anderen Bausteine ein. Um TPM einführen zu können, müssen die Mitarbeiter bestimmte Voraussetzungen erfüllen.

Die nötigen **Kompetenzen und Fertigkeiten** sind im fachlichen (z. B. technische Kenntnisse), im methodischen (z. B. Beherrschung von TPM-Tools) und im sozialen Bereich (z. B. Fähigkeit zur Gruppenarbeit) angesiedelt. Diese Kompetenzen müssen gezielt durch die unterschiedlichen Hierarchien geschult werden.

Der fünfte TPM-Baustein ist das **„Anlaufmanagement"** (jap.: Shoki Kauri). Es stehen nicht nur das Produkt sondern auch Systeme, Prozesse und Anlagen im Mittelpunkt. Die zu verkürzende Anlaufphase bezieht sich dabei sowohl auf den **Neuanlauf einer Maschine** als auch auf die **Initiierung von Entwicklungsprozessen**. Intensive Untersuchungen und Analysen haben ergeben, dass mehr als 70% der Probleme, die während oder nach der Inbetriebnahme auftreten, im davor liegenden Design-Prozess liegen. Daher muss bereichsübergreifend geplant werden, und Zulieferer sollten frühzeitig in den Entwicklungsvorgang mit einbezogen werden.

Der sechste Baustein ist die **„Qualitätserhaltung"** (jap.: Hinshitsu Hozen) auch Qualitätsinstandhaltung genannt. Sie vereint neben der Qualitätssicherung auch die Bereiche Produktion, Entwicklung und Instandhaltung und ist auf übergreifende Zusammenarbeit angelegt. Zu den bisherigen Prinzipien „Null-Verluste" und „Null-Maschinenausfall" gesellt sich nun **„Null-Fehler"**. Ziel ist die absolute Kundenzufriedenheit durch höchste Qualität mittels fehlerfreier Produktionsprozesse. Dabei sollte nicht nur auf die Zufriedenheit des Endkunden geschaut werden, sondern auch die internen Kunden innerhalb des Prozesses mit einbezogen werden. Sind die qualitätsbeeinflussenden Probleme identifiziert und eliminiert, gilt der Fokus der Prävention. Hierdurch sollen Faktoren ausgeschaltet werden, welche die Qualität in Zukunft negativ beeinflussen könnten. Fehler und Defekte sollen erkannt werden, bevor sie überhaupt auftreten können. Ziele sind die „Null-Fehler-Linie" und Prozesssicherheit nach dem „Poka-Yoke-Prinzip" (narrensicher).

Der siebte Baustein ist die Anwendung von **„TPM in administrativen Bereichen"** (jap.: Jimu Kausetsu), wie z. B. Einkauf, Logistik oder Personalwesen. In den meisten Unternehmen beginnt „Office-TPM" mit einer großen Aufräumaktion (5S) in den unterschiedlichen Büros. Ziel einer solchen Aktion ist es, alles zu eliminieren, was zur täglichen Arbeit nicht unbedingt benötigt wird. Auch sollen alle Geräte und Hilfsmittel am richtigen Ort sein und ihre Bedienung sollte in sogenannten „Ein-Punkt-Lektionen" festgehalten werden. Jeder Vorgang, egal ob für externe oder interne Kunden sollte in kürzester Zeit greifbar sein (Ziel = 30 Sekunden für das Auffinden eines jeden Vorganges). Diese Aktivitäten sind ein Anfang eines effizienten administrativen Bereiches. Die wahre Effizienzsteigerung liegt jedoch in der **Analyse und Verbesserung der sogenannten Geschäftsprozesse**, wie Produktionsplanung, Einkauf, etc. Dazu gibt es ein besonderes TPM-Werkzeug, das im Kapitel 4.7 erläutert wird.

Der achte und letzte TPM-Baustein ist **„Arbeitssicherheit, Gesundheits- und Umweltschutz"** (jap.: Ansen Aisei). Das geforderte Ziel ist **„Null-Unfälle"**. Es werden alle Möglichkeiten mit einbezogen, die sowohl die Mitarbeiter als auch Arbeitsplätze und die Umwelt beeinträchtigen können. Die Mitarbeiter müssen sensibilisiert werden, um potentielle Gefahrenpunkte ausfindig zu machen und Gegenmaßnahmen ergreifen zu können. Vorgehensweisen für Notfallsituationen müssen in der Praxis trainiert werden. Der Hauptansatzpunkt für die Verbesserung der Arbeitssicherheitssituation hat etwas mit Führung zu tun. Den Führungskräften der unterschiedlichen Bereiche muss klar werden, bzw. klar gemacht werden, dass Arbeitssicherheit eine der Facetten ihrer Führungsverantwortung ist. Die Führungskräfte sind dafür verantwortlich, dass die Mitarbeiter der unterschiedlichen Bereiche sicher arbeiten können. Diese Verantwortung geht weit darüber hinaus, dass entsprechende technische Vorkehrungen getroffen werden müssen.

1.6 Ihr Lernerfolg aus diesem Kapitel

- TPM ist ein altbewährtes Konzept zur Produktivitätssteigerung. Die Anfänge von TPM liegen bereits 50 Jahre zurück.

- TPM wurde aus dem Toyota Produktionssystem heraus entwickelt.

- TPM baut auf „deutschen Tugenden", wie Pünktlichkeit, Zuverlässigkeit, Ordnung, Sauberkeit, Selbstdisziplin und Qualität auf.

- TPM hat seine Wurzeln in der Autonomen Instandhaltung, ist mittlerweile aber viel umfassender.

- Es gibt viele Erklärungen für das Kürzel TPM. Am besten trifft „Total Productive Management" das Wesen von TPM. Die Verwendung des Begriffs „Total Productive Maintenance" kann noch vertreten werden, wenn „Maintenance" mit „Erhaltung" übersetzt wird, also TPM im Sinne einer umfassenden Erhaltung der Produktivität.

- Als Strukturrahmen für TPM dienen acht Bausteine:
    - Zielgerichtete, kontinuierliche Verbesserung
    - Autonome Instandhaltung
    - Geplante Instandhaltung
    - Kompetenzmanagement
    - Anlaufmanagement
    - Qualitätserhaltung
    - TPM in administrativen Bereichen
    - Arbeitssicherheit, Umwelt- und Gesundheitsschutz

- Für die erfolgreiche Etablierung von TPM sind als Basis folgende Aspekte zu berücksichtigen:
    - Verpflichtung und Hingabe des Managements,
    - Aufbau eines Zielentwicklungsprozesses (jap.: Hoshin Kanri),
    - Umsetzung von Genba Kanri (Shopfloormanagement),
    - Stärkung der Eigenverantwortung aller Mitarbeiter,
    - Funktionsübergreifende Teamarbeit,
    - Standardisierung,
    - Visualisierung

- Die Zielerreichung wird mit Kennzahlen in sechs Zielkategorien verfolgt:
Produktivität (P), Qualität (Q), Kosten (C steht für „Cost"), Lieferservice (D steht für „Delivery"), Sicherheit und Umwelt (S) sowie Motivation (M). Übergeordnet sind die Erreichung von Kundenzufriedenheit, Mitarbeiterzufriedenheit, Anteilseigner- bzw. Inhaberzufriedenheit sowie verantwortungsvolles Handeln der Umwelt und der Gesellschaft gegenüber.

1.7 Übungsaufgaben zu diesem Kapitel

Aufgabe 1
Welche Langform des Kürzels TPM wird dem Konzept am ehesten gerecht?

Aufgabe 2
Nennen Sie die acht Bausteine von TPM!

Aufgabe 3
Nennen Sie die sieben Elemente des Fundaments von TPM!

Aufgabe 4
Welches sind die Zielkategorien, nach denen die Zielerreichung von TPM verfolgt wird?

2. Grundlegende Bausteine von TPM

TPM und das darauf aufbauende Operational Excellence Reference Modell verwenden ein **Säulenmodell** bzw. ein Modell in Form eines Tempels oder eines Hauses. Dies hat den Vorteil einer **strukturierten Darstellung**. Zudem lässt sich daran auch anschaulich die Vorgehensweise verdeutlichen, die von den Autoren den interessierten Unternehmen nahelegt wird. Jedes Unternehmen muss aufgrund der individuellen Gegebenheiten festlegen, welche TPM-Bausteine wann eingeführt werden sollen. Beispielsweise hat sich gezeigt, dass der Baustein „TPM in administrativen Bereichen" meist auch **gleich zu Beginn einer TPM-Einführung** Sinn macht, da hier häufig die größten Verluste auftreten.

Allerdings ist die Bereitschaft für einen solchen Veränderungsprozess in administrativen Bereichen häufig nicht gegeben. Jedes Unternehmen muss also auf Basis seiner Rahmenbedingungen „sein" individuelles Haus bauen. „Fertighäuser" bringen selten den gewünschten Erfolg. Dabei können auch zusätzliche Bausteine hinzugefügt werden, z. B. wenn es bereits ein etabliertes Verbesserungsprogramm im Unternehmen gibt, und es können Bausteine weggelassen werden, die für das Unternehmen keine Bedeutung haben, z. B. Anlaufmanagement für Unternehmen der Prozessindustrie mit einem weitgehend konstanten Produkt- und Anlagenspektrum. Bewährt hat es sich auch, dem

Verbesserungsprogramm einen individuellen Namen zu geben, vorzugsweise in Landessprache. Die August Storck KG hat beispielsweise ihr Verbesserungsprogramm „TPM - Teams planen und machen" genannt.

2.1 Zielgerichtete, kontinuierliche Verbesserung

Zielgerichtete, kontinuierliche Verbesserung, in der Fachliteratur auch als KVP oder Kobetsu Kaizen bezeichnet, bildet den ersten und zugleich wichtigsten Baustein des TPM-Systems. Ziel ist die **Maximierung der Effizienz und Effektivität von Maschinen und Anlagen**, von Prozessen und Verfahren, wie auch von administrativen Abläufen durch Eliminierung von Verlusten und Verschwendung. TPM hat von allen bekannten Verbesserungsprogrammen die umfangreichste Verlustsystematik.

Die Begriffe **Verluste** und **Verschwendung** werden bei TPM abweichend vom herkömmlichen Sprachgebrauch verwendet, was daher gelegentlich zu Diskussionen führt. Beide Begriffe haben sich als deutsche Übersetzung des japanischen **„MUDA"** eingebürgert. Gemeint ist damit jeder Aufwand (z. B. Rohmaterial, Arbeitszeit) der größer ist, als für den gewünschten Zweck erforderlich.

Der japanische Begriff umfasst jedoch auch die positive Bedeutung Verbesserungspotenzial, die den deutschen Begriffen für den Nicht-

Fachmann zunächst fehlt. Im Folgenden sind Verluste nicht im kaufmännischen Sinn und Verschwendung nicht als Leichtfertigkeit gemeint, sondern beides schlicht Beschreibungen für verbesserungsfähige Zustände.

Im Grunde meinen beide Begriffe annähernd dasselbe, allerdings wohnt dem Begriff Verschwendung etwas Vorwurfsvolles inne, so dass im Folgenden nur noch von Verlusten gesprochen wird. Auf diese Weise wird auch eine sprachliche Abgrenzung zu den sieben Mudas aus der Lean-Philosophie erreicht, die in der Literatur und Praxis üblicherweise mit Verschwendung übersetzt wird.

Die Eliminierung von Verlusten ist eine der Leitlinien von TPM. Es werden daher **16 Verlustarten** unterschieden, die unterschiedliche Auswirkungen auf die Produktivität haben (vgl. Shirose 2005, S. 40 ff.). Sie werden in die drei Kategorien **„Maschinen und Anlagen"**, **„Mitarbeiter"** und **„Ressourcen"** gegliedert. Die folgende Abbildung 2 stellt diese Verluste dar. In den 16 Verlustarten von TPM finden sich die 7 Verschwendungsarten (Muda) wieder, die beim Toyota Produktionssystem bzw. in der Lean-Philosophie unterschieden werden (eine detaillierte Darstellung findet sich unter www.cetpm.de). Der Fokus dieser Systematisierungen ist allerdings – herkunftsbedingt - unterschiedlich: Während die 16 Verlustarten den Schwerpunkt auf technische und menschliche Aspekte legen, fokussieren die 7 Verschwendungsarten auf Logistikverluste.

Die ersten sieben Verluste, die sogenannten **sieben großen Verluste**, beeinträchtigen die **Effizienz der Produktionseinrichtungen** (vgl. Shirose 2005, S. 42 ff.):

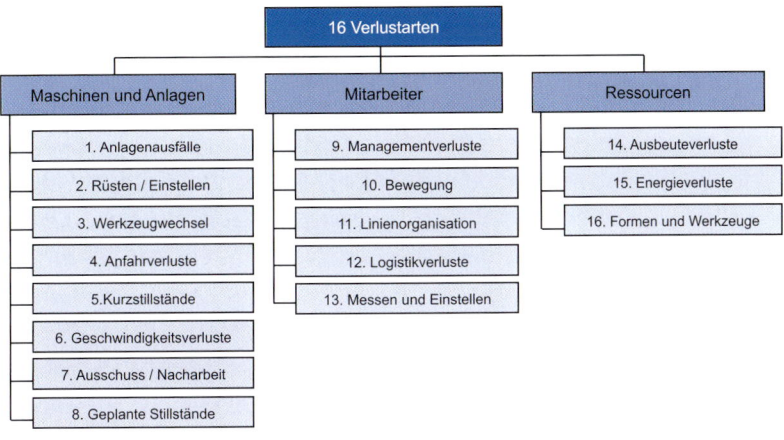

Abb. 2: Die 16 Verlustarten

Verluste durch Anlagenausfälle: Diese Verluste entstehen durch sporadische oder chronische Fehler an den Produktionseinrichtungen und gehen mit einer Reduzierung der Ausbringungsmenge (Maschine steht und kann nicht produzieren) und/oder mit einer Erhöhung von Qualitätsproblemen einher. Ziel muss es sein, Null-Anlagenausfälle zu erreichen.

Verluste durch Rüsten und Einstellen: Auch während des Rüstvorgangs, also dem Umbau von einem Produkt auf das nächste, steht die Maschine und kann nicht produzieren. Viele Unternehmen haben bereits Rüstzeitreduzierungs-Workshops abgehalten, um Rüstzeiten im einstelligen Minutenbereich zu erzielen (Single Minute Exchange of Dies – **SMED**, entwickelt von Shigeo Shingo in Japan, vgl. Shingo 1995). Dies erfolgt durch die Trennung von internen und externen Tätigkeiten (vgl. auch Blom 2007). Bislang vernachlässigt worden sind die Einstellzeiten. Ziel muss es sein, dass bereits das erste Teil die Maschine in gutem Zustand verlässt (**first-time-right**).

Verluste durch Werkzeugwechsel: Hier entstehen Verluste durch den Austausch von Werkzeugen, wie z. B. Drehmeißel. Als Ursache kommt normale Abnutzung oder Werkzeugbruch in Frage.

Anfahrverluste: Anfahrverluste entstehen in dem Zeitraum vom Maschinenanlauf nach Reparaturen, Schichtbeginn oder anderen Stillständen bis die Maschine zuverlässig einwandfreie Qualität produziert. Neben dem Verlust an produktiver Zeit entstehen häufig Stückzahlverluste durch Ausschuss.

Verluste durch Kurzstillstände und Leerlauf: Für diese Verlustart sind kurzzeitige Funktionsstörungen (< 10 Minuten) die Ursache. Sie sind einfach zu beheben, beispielsweise durch Entfernen eines verklemmten Werkstücks, durch Reinigung eines Sensors oder durch Beheben eines Staus in der Materialzuführung. Obwohl es sich auf den ersten Blick um zu vernachlässigende Probleme handelt, beeinträchtigen sie teilweise erheblich die Produktivität. Zu ihrer Beseitigung ist es wichtig, den Ursachen des auftretenden Phänomens genau auf den Grund zu gehen.

Geschwindigkeitsverluste: Diese Verlustart entsteht durch zu langsam laufende Maschinen oder Anlagen. Dabei wird entweder die bei der Konstruktion vorgesehene Geschwindigkeit nicht erreicht, oder die gewählte Geschwindigkeit entspricht nicht dem aktuell technisch Machbaren. Häufig wird bei Qualitätsproblemen die Laufgeschwindigkeit einer Maschine reduziert, ohne den eigentlichen Ursachen auf den Grund zu gehen. Zudem sind häufig die optimalen Geschwindigkeiten den Mitarbeitern nicht durchgängig bekannt.

Verluste durch Ausschuss und Nacharbeit: Hier entsteht eine Reduzierung des Produktionsvolumens durch defekte Produkte oder durch Produkte, die nachgebessert werden müssen. Die Nacharbeit belegt häufig nochmals die Maschinen und es kann nicht regulär produziert werden.

Die achte Verlustart reduziert die zur Verfügung stehende Produktionszeit:

Verluste durch geplante Stillstände (Shutdown): Sie entstehen beispielsweise durch vorbeugende Wartungsmaßnahmen oder den vorbeugenden Austausch von Verschleißteilen. Dadurch wird die zur Verfügung stehende Laufzeit reduziert. Die Maßnahmen sind zwar unerlässlich, es ist jedoch auch in diesem Fall möglich, Aktivitäten zur Reduzierung der erforderlichen Zeitspanne zu ergreifen. Beispielhaft genannt seien hier die Standardisierung der Tätigkeiten und der Einsatz der Rüstzeitoptimierungsmethoden. Damit ist gemeint, dass Tätigkeiten, für deren Abarbeitung die Anlage nicht stillgesetzt werden muss („extern") konsequent vor dem Abschalten bzw. nach dem Wiedereinschalten ausgeführt werden. Durch langfristige, mehrfache Optimierung können damit tatsächlich Rüstzeiten von Stunden auf Zeiträume im einstelligen Minutenbereich verringert werden. An vielen Stellen ist es z. B. möglich, Schmierstellen mit Leitungen zu versehen, um während des Betriebs schmieren zu können. Ebenso können Verschmutzungsquellen eliminiert oder zumindest kanalisiert werden, um ebenfalls ohne Unterbrechung des Betriebs reinigen zu können. Ein weiterer Punkt ist der Ersatz von Schrauben durch schnellere Befestigungsmöglichkeiten (Haken, Magnete, Klettverschluss...) an allen Arten von Verkleidungen. Auch Standardisierung und Vorbereitung sowie gegebenenfalls Spezialwerkzeuge können als Beispiele genannt werden.

Die Verlustarten 9 bis 13 beeinträchtigen die Effizienz der menschlichen Arbeit. Sie haben unmittelbar Auswirkungen auf die produktiv genutzte Arbeitszeit der Mitarbeiter.

Managementverluste: Sie entstehen durch Versäumnisse des Managements, z. B. Wartezeiten durch fehlendes Material oder fehlende Anweisungen für die Mitarbeiter. Zu den Managementverlusten gehören aber auch Überproduktion und zu hohe Lagerbestände, die durch mangelnde Planungsprozesse entstehen.

Verluste durch Bewegung: Diese Verluste entstehen durch schlechte Anordnung am Arbeitsplatz, schlecht in den optimalen Arbeitsabläufen geschulte Mitarbeiter und durch schlechtes Werkslayout.

Verluste durch falsche Linienorganisation: Sie entstehen durch Wartezeiten aufgrund schlecht abgestimmter Fertigungslinien oder durch schlecht geplante Mehrmaschinenbedienung.

Verluste durch unzureichende Logistik: Sie werden dadurch sichtbar, dass die Produktion durch logistische Aktivitäten wie Be- und Entladen ruht. Verluste entstehen in diesem Bereich aber auch durch unnötige Transportvorgänge. Die interne Logistik, wie z. B. Materialanlieferung, der Weitertransport von Halbfabrikaten und die Handhabung von Transport und Lagerung von Packmaterialien sind Bereiche, die oftmals nicht optimal organisiert sind.

Verluste durch Messen und Einstellen: Diese sind auf die Durchführung von Qualitätskontrollvorgängen wie z. B. Oberflächenprüfung, Nachjustierungen o.ä. zurückzuführen.

Die letzten drei Verlustarten verhindern die effiziente Nutzung der Produktionsressourcen:

Ausbeuteverluste: Sie beziehen sich auf die in der Produktion eingesetzten Materialien. Die Verluste entstehen beispielsweise durch überdimensionierte Wandstärken oder im Produktionsprozess unzureichend ausgenutzte Rohstoffe.

Energieverluste: Sie entstehen durch den nachlässigen Umgang mit Strom, Gas, Druckluft, Dampf, Luft, Wasser usw. Häufig laufen unnötig Förderbänder, der Druck in den Druckluftleitungen ist zu hoch oder die Druckluftanschlüsse lecken.

Praxis-Tipp  Das Finden und Eliminieren vieler kleiner Verluste kann sich gerade bei den Energieverlusten richtig lohnen. **Auch Kleinvieh macht Mist!** So hat in einigen Fällen der Einsatz von Luftverbrauchsmessgeräten gezeigt, dass durch eine gründliche Wartung der pneumatischen Anlage der Verbrauch an Druckluft um ca. 40% reduziert werden konnte. Durch den Messwert im guten Zustand als Referenzwert ist es in der Folge möglich, neu entstandene Lecks frühzeitig zu erkennen und die erreichte Einsparung damit abzusichern.

Verluste durch Formen, Vorrichtungen und Werkzeuge: Hier entstehen die Verluste beispielsweise durch Produktänderungen, die neue Werkzeuge erforderlich machen oder durch Vorrichtungen, die eine mangelnde Prozessfähigkeit korrigieren sollen.

Die sieben großen Verluste (Maschinen- und Anlagenverluste) haben unmittelbar Auswirkungen auf die Overall Equipment Effectiveness, kurz OEE (im Deutschen auch Gesamtanlageneffektivität, kurz GEFF genannt). Die OEE ist eine Kennzahl, mit der Verluste einer Maschine aufgedeckt und dann zielgerichtet bekämpft werden können. Entwickelt wurde dieses Messinstrument durch Seiichi Nakajima (vgl. Nakajima 1995, S. 41 f.). Auch wenn OEE anfangs nur im Bereich TPM angewandt wurde, ist es zwischenzeitlich ein unverzichtbares Instrument für andere betriebliche Verbesserungsprogramme, wie z.B. Lean Production und Six Sigma. Die OEE misst die gesamte Bandbreite der Effektivitätsverluste von Produktionsanlagen und verdeutlicht, welche maschinen- und prozessabhängigen Verluste minimiert werden müssen.

Die OEE fasst die Parameter Zeit, Stückzahl und Qualität zusammen und macht sie für das Produktionsteam nachvollziehbar. Darüber hinaus kann das Produktionsteam die OEE steuern, denn alle Parameter sind direkt oder indirekt durch das Team beeinflussbar. Damit ist - im Gegensatz zu vielen anderen Kennzahlen im Produktionsbereich - die OEE ein Instrument, dass sich das Produktionsteam völlig zu eigen machen kann und dass damit beste Voraussetzung für effektives Shopfloor-Management bietet (vgl. May/Koch 2008, S. 245) .

Die ideale, absolut effektive Maschine sollte ununterbrochen mit maximaler Geschwindigkeit laufen (können), ohne auch nur ein fehlerhaftes Produkt herzustellen. Da dieses Ideal in der Praxis nicht erreicht wird, werden drei grundlegende Verlustbereiche unterschieden:

- Verfügbarkeit,
- Leistung und
- Qualität.

Unter **Verfügbarkeitsverlust** ist der Zeitraum zu verstehen, in dem die Maschine für die Produktion zur Verfügung hätte stehen können, jedoch keine Produkte hergestellt wurden. Der Verfügbarkeitsverlust beinhaltet drei Arten von Verlusten innerhalb der Produktionszeit: Störungen, Wartezeit und Linienbeschränkungen (z.B. kein Material verfügbar).
Ein **Leistungsverlust** bedeutet, dass die Maschine zwar läuft, allerdings nicht mit maximaler Geschwindigkeit. Es gibt zwei Arten von Leistungsverlusten: Kurzstillstände und reduzierte Geschwindigkeit
Qualitätsverluste entstehen, wenn die Maschine Waren herstellt, die nicht auf Anhieb einwandfrei sind. Man unterscheidet zwei Arten von Qualitätsverlusten: Ausschuss und Nacharbeit.
Grundlage für die Berechnung der OEE ist die mögliche Produktionszeit (= verfügbare Zeit – ungeplante Zeit), d.h. Stillstandszeiten, z.B. in Folge von Auftragsmangel, gehen nicht in die OEE ein, da es dann keinen Bedarf gibt und die Produktion auf Lager für sich wieder einen Verlust ergäbe! Wird die mögliche Produktionszeit als Grundlage genommen, wirft die OEE-Bestimmung drei Fragen auf:

1. Läuft die Maschine, oder läuft sie nicht?
Wenn die Maschine läuft (wenn sie Waren produziert), dann steht die Maschine für die Produktion zur Verfügung (wir wissen allerdings noch nicht, ob das Produkt einwandfrei ist und wir wissen ebenso wenig etwas über die Produktionsgeschwindigkeit; wir wissen nur, dass sie läuft). Das Verhältnis von tatsächlicher Produktionszeit der Maschine zur theoretisch möglichen Laufzeit der Maschine wird Verfügbarkeitsgrad genannt.

2. Mit welcher Geschwindigkeit läuft die Maschine?
Vorausgesetzt die Maschine ist so konzipiert, dass sie zehn Stück pro Minute herstellen kann, dann werden sie erwarten, dass nach 360 Minuten 3600 Stück produziert werden. In diesem Fall beträgt die Leistung der Maschine 100%. Ob dies den Tatsachen entspricht, ermittelt der Leistungsgrad: Er stellt die ‚theoretische Ausbringung', also die Ausbringung, die die Maschine theoretisch hätte leisten können, wenn die Maschine während der tatsächlichen Laufzeit mit maximaler

Geschwindigkeit gelaufen wäre, der tatsächlichen Ausbringung gegenüber.

3. Wie viele Produkte entsprechen der Spezifikation?

Nachdem Zeit- und Geschwindigkeitsverluste gemessen wurden, rücken die Qualitätsverluste in den Fokus. Das Verhältnis zwischen der Anzahl einwandfrei hergestellter Einheiten und der gesamten Anzahl hergestellter Einheiten bestimmt den Qualitätsgrad.

Die OEE wird schließlich ganz einfach berechnet, indem Verfügbarkeitsgrad, Leistungsgrad und Qualitätsgrad miteinander multipliziert werden:

$$OEE = \text{Verfügbarkeitsgrad} \times \text{Leistungsgrad} \times \text{Qualitätsgrad}$$

Die folgende Abbildung 3 verdeutlicht die beschriebenen Zusammenhänge nochmals in übersichtlicher Form (Koch 2008, S. 47).

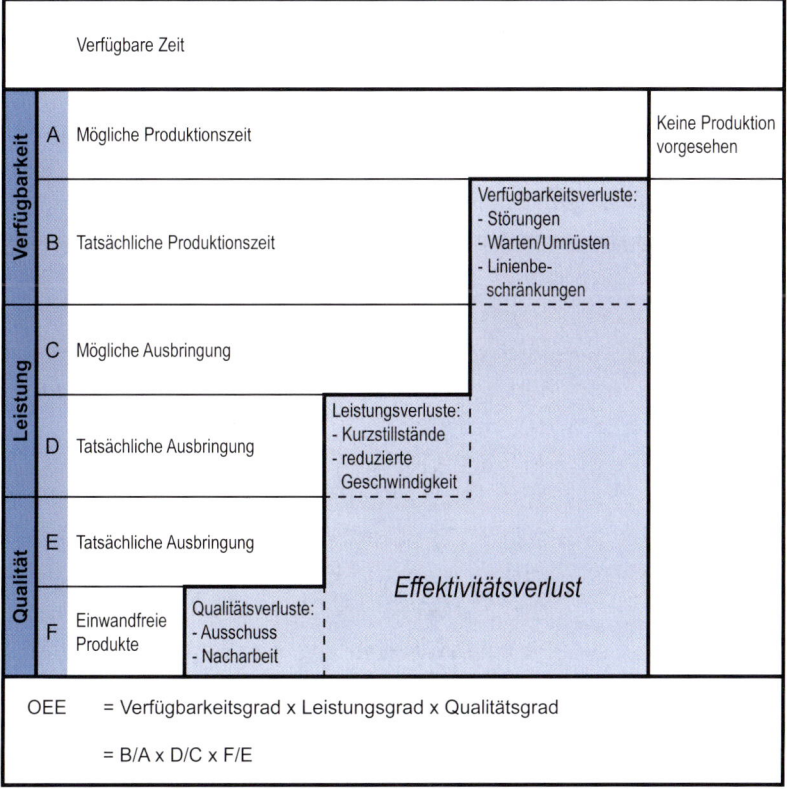

Abb. 3: Verluste in den Bereichen Verfügbarkeit, Leistung und Qualität und ihre Auswirkung auf die OEE

Anstatt Mengengrößen bei Leistung und Qualität heranzuziehen, kann – je nach Situation im Unternehmen - auch die korrespondierende Zeit (jeweilige Mengen multipliziert mit der Soll-Taktzeit) genutzt werden. Ein Beispiel zur Berechnung der OEE nach diesem Schema findet sich in Abbildung 4.

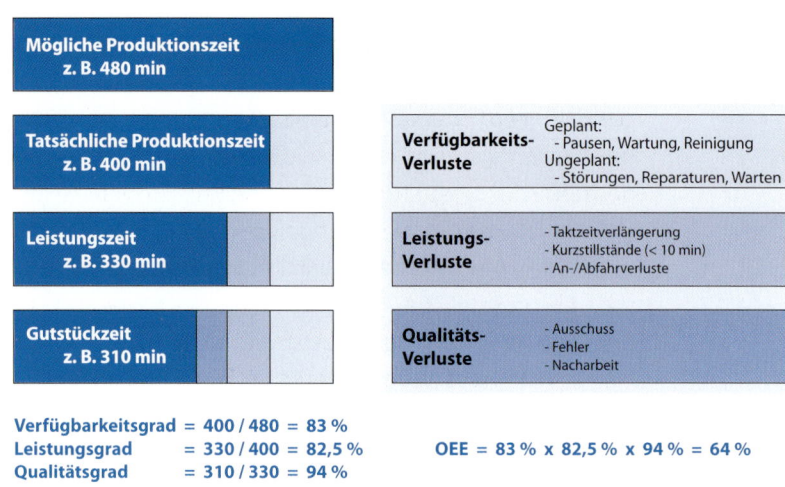

Verfügbarkeitsgrad = 400 / 480 = 83 %
Leistungsgrad = 330 / 400 = 82,5 %
Qualitätsgrad = 310 / 330 = 94 %

OEE = 83 % x 82,5 % x 94 % = 64 %

Abb. 4: Beispiel zur Berechung der OEE

Wenngleich oftmals praktiziert, ist OEE für Benchmarking nicht geeignet. Es handelt sich bei der OEE um eine isolierte Zahlengröße, die niemals mit anderen „isolierten Zahlengrößen" verglichen werden darf. Besonders problematisch ist es, wenn eine OEE für eine ganze Fabrik ermittelt und dann mit anderen Werken verglichen wird. Die Gegenüberstellung solcher Zahlen führt mit Sicherheit zu falschen Schlussfolgerungen! Die OEE stellt einen Vergleich (‚benchmark') der Maschine nur mit sich selbst an, nämlich mit dem theoretischen Ideal der Anlage. Eine effektive OEE-Einführung verläuft in acht einfachen Schritten (vgl. Koch 2008, S. 141 f.):

1. Auswahl einer (Pilot-)Maschine.

2. Festlegung der OEE-Definitionen (z.B.: Welche Zeiten sind Zeiten ohne Produktion bzw. ungeplante Zeiten? Wie werden Pausen behandelt?)

3. Entwurf von Erfassungsformular und –methode (ein Beispielformular findet sich in Kapitel 8.9)

4. Training des Teams

5. Erfassung der OEE-Daten

6. Verarbeitung der OEE-Daten

7. Feedback an das Produktionsteam

8. Information des Managements

Die OEE dient in erster Linie als Werkzeug für den Fertigungsbereich, um Bewusstsein und Verantwortlichkeit zu erzeugen. Es geht darum, dem Produktionsteam dabei zu helfen, Einsicht in die bestehenden Verluste zu bekommen. Dazu haben sich visuelle Hilfsmittel bewährt. Jedes Diagramm sollte übersichtlich sein und mit farbigen Linien die schnelle und klare Informationsaufnahme unterstützen. Eine gut strukturierte, standardisierte OEE-Aktivitätentafel, unter anderem mit einer Pareto-Analyse der Verluste, der Entwicklung der OEE in den letzten Monaten und den letzten 24 Stunden sowie einem Maßnahmenplan, ist dafür unabdingbar (siehe das Beispiel in Kapitel 8.1).

Praxis-Tipp

Die Angaben zur vereinfachten Berechnung der OEE sind in der Regel aus den vorhandenen Daten einfach verfügbar. Es hat sich bewährt, zu Beginn eines Prozesses auf jeden Fall den Startpunkt der OEE über einen repräsentativen Zeitraum, z. B. eine Woche, zu dokumentieren. Hiermit lässt sich zu einem späteren Zeitpunkt einfach der Nutzen darstellen, der erarbeitet wurde. Zusätzlich erhält man ein sehr gutes Bild über Kapazitätsreserven der bestehenden Anlagen. Auf jeden Fall sollte man die OEE an **Engpassanlagen** sichtbar dokumentieren. Meist hat bereits diese Visualisierung einen positiven Einfluss.

Hinweis

Häufig ist die Aussage zu hören, dass eine OEE von 85% Weltklasseniveau sei. Das ist nicht korrekt. Die OEE ist von vielen Faktoren, wie z. B. der Auftragsstruktur (Rüsthäufigkeit) und den eingesetzten Maschinen und Anlagen (Komplexität, Automatisierungsgrad) abhängig. Sie ist nur sehr eingeschränkt als Benchmark (innerbetrieblicher Vergleich oder Vergleich mit anderen Unternehmen) geeignet. Die OEE soll vielmehr Verbesserungspotenziale und die Erfolge der eingeleiteten Maßnahmen verdeutlichen. Für einige Unternehmen kann eine OEE von 85% Weltklasseniveau sein, für andere ist eine OEE von 85% weit unter Branchendurchschnitt.

Wichtig bei der Eliminierung der Verluste ist, dass man nicht nur die Störungen beseitigt, sondern auch nach deren **Ursachen** forscht und diese beseitigt. Wenn das nicht gemacht wird, treten Probleme aufgrund dieser Ursache immer wieder auf. Dieser Sachverhalt kann am besten mit Hilfe des Eisbergmodells wie in der folgenden Abbildung 5 veranschaulicht werden.

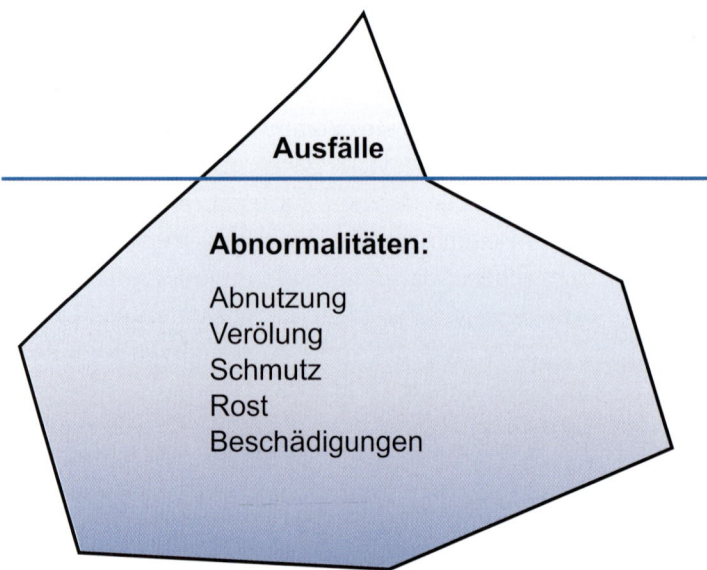

Abb. 5: Eisbergmodell

Der Eisberg symbolisiert ein Problem, aufgrund dessen im Unternehmen Verluste entstehen. Oberhalb der Wasseroberfläche ist nur ein kleiner Teil des gesamten Eisberges zu sehen. Dieser obere Teil steht für die wahrgenommenen Ausfälle bzw. Störungen, z. B. an einer Maschine. Diese Ausfälle bzw. Störungen sind für jeden sichtbar. Aber der Eisberg besteht nicht nur aus diesem sichtbaren Teil, sondern der größte Teil liegt unterhalb der Wasseroberfläche. Wird nur die Störung beseitigt, kommt sie immer wieder (der Eisberg schwimmt auf). Nur durch entsprechende systematische Ursachenforschung und Beseitigung der Abnormalitäten kann der Kern des Problems gefunden und gelöst werden, der „Eisberg" wird von unten abgeschmolzen.

Im Rahmen des TPM-Bausteins „Zielgerichtete, kontinuierliche Verbesserung" wird, wie in fast allen anderen TPM-Bausteinen, schrittweise vorgegangen (vgl. Al-Radhi 2002, S. 20 ff.):

1. Erfassung der 16 Verluste: In dieser Stufe sind die Verluste gemäß den Verlustarten zu erfassen und zu strukturieren (Verluststrukturanalyse). Im Kapitel 8.9 findet sich ein Formular zur Erfassung von Maschinenstillständen und zur OEE-Ermittlung. Darin sind die jeweiligen Zeiten mit einem Stift zu markieren, und nach Schichtende kann der Werker die OEE selber errechnen.

2. Auswahl des Verbesserungsthemas: Um zielgerichtet den Schwerpunkt der Verbesserungsaktivitäten zu ermitteln, kommt die Pareto-Analyse zum Einsatz (das Paretodiagramm wird in Kapitel 4.5 erläutert). Die ermittelten Verlustursachen werden entsprechend ihrer Bedeutung in absteigender Reihenfolge in ein Pareto-Diagramm eingetragen. Die Verlustart bei der als erstes angesetzt werden soll, steht dann ganz links (vgl. Abbildung 6). Ein solches Paretodiagramm ist auch möglich, um die Verluste an verschiedenen Maschinen zu verdeutlichen.

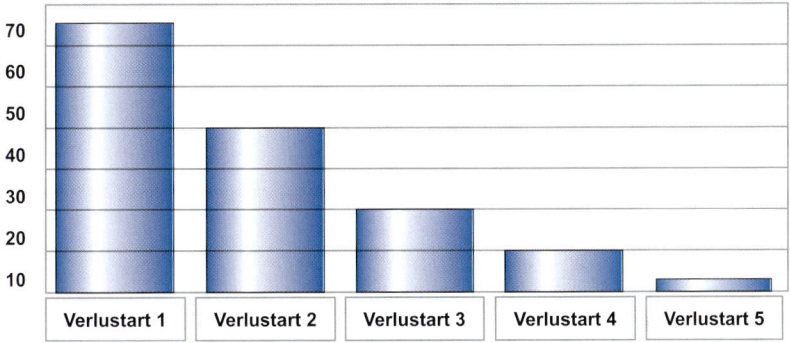

Abb. 6: Beispiel für ein Paretodiagramm

3. Bildung von Verbesserungsteams: Wenn nun im nächsten Schritt die Schwerpunktprobleme angegangen werden (im Beispiel wäre das Verlustart 1 an der Maschine 4711), sollte dies in funktionsübergreifenden Teams geschehen. Dies hat den Vorteil, dass die unterschiedlichen Erfahrungen aus verschiedensten Abteilungen in den Verbesserungsprozess einfließen. Die Einbindung verschiedener Fachabteilungen führt zudem zur Überwindung von Abteilungsdenken und ermöglicht eine zügige Umsetzung der geplanten Maßnahmen (vgl. zu diesem Thema auch De Groot / Teeuwen / Tielemans 2008).

4. Analyse der Ursachen: Die funktionsübergreifenden Teams sollten den Problemursachen auf den Grund gehen. Hierfür gibt es eine Vielzahl von strukturierten Analyseverfahren. Diese werden in Kapitel 4 näher erläutert.

5. Festlegung von Maßnahmen: Nach der Ermittlung der Ursachen sollten geeignete Aktivitäten zu deren Beseitigung geplant werden. Dazu sollte ein Zeitplan mit Zuweisung der Verantwortlichkeiten vorhanden sein.

6. Umsetzung: Nach Freigabe der benötigten Ressourcen werden die beschlossenen Maßnahmen realisiert. Eine regelmäßige Überprüfung des Umsetzungsgrads sollte durch die Führungskräfte vorgenommen werden.

7. Erfolgskontrolle: Ob die durchgeführten Maßnahmen den gewünschten Erfolg gebracht haben, ist anhand eines aktuellen Paretodiagramms leicht zu ermitteln. Daraus ergeben sich bei entsprechendem Erfolg neue Schwerpunkte für Verbesserungsaktivitäten. Darüber hinaus wird eine Verbesserung der OEE feststellbar sein.

In der beschriebenen Vorgehensweise ist leicht die strukturierte Vorgehensweise des PDCA-Kreises zu erkennen, der auf Shewhart zurückgeht und von Deming verbreitet wurde. Die folgende Abbildung 7 zeigt den PDCA-Kreis, auch „Rad der Verbesserung" genannt, mit seinen Einzelschritten.

Act	**P**lan
14. Betrachtung weiterer Verbesserungen 13. Beurteilung der Vorgehensweise 12. Übertragung der Gegenmaßnahmen (Standardisierung)	1. Auswahl des Themas 2. Festlegung Projektteam 3. Begründung der Auswahl 4. Setzen von Zielen 5. Ausarbeitung Aktionsplan
Check	**D**o
11. Bewertung der Ergebnisse 10. Messung und Überprüfung der Resultate	6. Verstehen der Situation 7. Analyse der Fakten 8. Entwicklung von Gegenmaßnahmen 9. Umsetzen von Gegenmaßnahmen

Abb. 7: Der PDCA-Kreis

Die Abkürzung PDCA steht für die englischen Wörter **P**lan, **D**o, **C**heck, **A**ct oder auf Deutsch **P**lanen, **D**urchführen, **C**hecken und **A**gieren. Teilweise wird auch das etwas unglücklich eingedeutschte Kürzel „PTCA" für **P**lanen, **T**un, **C**hecken, **A**ktion verwendet. Da der Begriff PDCA mittlerweile große Verbreitung gefunden hat, wird von der Verwendung der Abkürzung PTCA abgeraten.

Der erste Schritt im PDCA-Kreis ist **„Planen"**. In dieser Phase werden ein bestehendes Problem analysiert und Daten gesammelt, die zur Erstellung eines Verbesserungsplanes benötigt werden. Außerdem werden Ziele gesetzt, die durch die Verbesserung erreicht werden sollen. Anschließend an die genannten Aktionen werden Lösungswege gesucht und ein Verbesserungsplan festgelegt.

Im Element **„Durchführen"** werden die festgelegten Maßnahmen, die im Verbesserungsplan enthalten sind, umgesetzt.

Danach wird bei **„Checken"** überprüft, ob die Umsetzung der Maßnahmen den erwünschten Erfolg erzielt hat. Wenn das Ergebnis dieser Überprüfung positiv ausfällt, dann kann zu Element 4, also „Agieren" übergegangen werden.

In der Phase **„Agieren"** werden Vorbeugungsmaßnahmen eingeführt, um einen Rückfall in den alten Zustand zu verhindern. Dies wird durch horizontale Verbreitung und durch Standardisierung der erzielten Verbesserung erreicht.

Nun beginnt sich der PDCA-Kreis wie ein Rad auf einem höheren Niveau von neuem zu drehen, da diese standardisierten Lösungen als Grundlage für neue Verbesserungen dienen. Dieser Prozess wird anhand der nachfolgenden Abbildung 8 noch einmal anschaulich verdeutlicht (vgl. Leikep/Bieber 2004, S. 56).

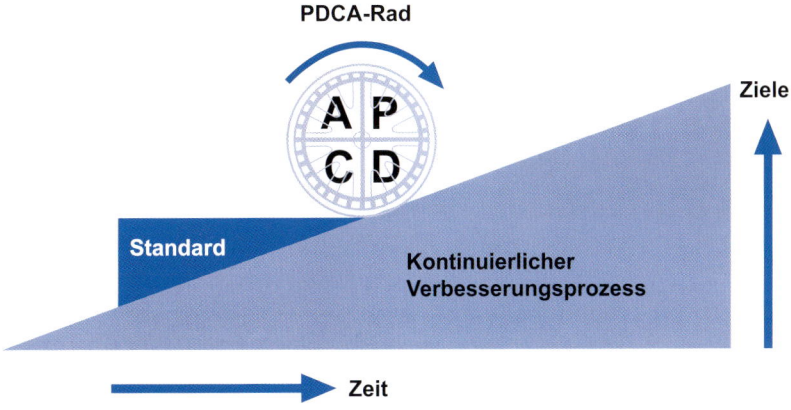

Abb. 8: Darstellung der Funktionsweise von Standards und des PDCA-Kreises

2.2 Autonome Instandhaltung

Bei der Autonomen Instandhaltung geht es um einen **Wandel der strengen Aufgabenteilung zwischen Produktion und Instandhaltung**. In vielen Unternehmen sieht der Alltag noch so aus, dass bei Maschinenstillständen der Bediener seinen Vorarbeiter oder Meister informiert und dieser dann die Instandhaltung ruft. Dies führt zu langen Stillstandszeiten und verhindert, dass der Maschinenbediener sich mit seiner Maschine identifiziert. Bei der Autonomen Instandhaltung übernehmen Produktionsmitarbeiter nach entsprechenden Schulungen eigenverantwortlich einen gewissen Teil der Instandhaltungsmaßnahmen ihrer Anlagen.

Dabei sollen optimale Bedingungen für einen verschleiß- und störungsfreien Betrieb der Anlagen geschaffen werden. Schwierigere und komplexere Reparaturen oder Maßnahmen, für die die Mitarbeiter in der Produktion noch nicht ausreichend qualifiziert sind, übernimmt weiterhin die Instandhaltung. Diese hat durch die Verlagerung von Instandhaltungstätigkeiten in die Produktion und die Erhöhung der Anlagenzuverlässigkeit (weniger „Feuerwehreinsätze") mehr Zeit für präventive Maßnahmen.

Ein Schlüsselerlebnis für die Beteiligten vollzieht sich gleich zu Anfang der Einführung der 7 Stufen der Autonomen Instandhaltung. Ein interdisziplinär zusammengesetztes Team aus Bedienern und Teilnehmern aus anderen Bereichen, **einschließlich des Managements**, lernt bei der Grundinspektion, dass Reinigen nicht nur sauber machen heißt, sondern „**Prüfen**"! Eine Grundinspektion beginnt immer mit einer kurzen Schulung der Beteiligten (Sinn und Zweck und Arbeitssicherheit!), um dann durch eine umfassende Inspektion und Reinigung möglichst alle Mängel an der Anlage zu finden.

Diese werden durch „**Rote Mängelkarten"** gekennzeichnet. Diese Karten kennzeichnen, für alle Beteiligten und Betroffenen gut sichtbar, einen erkannten Mangel, der nun schnellstens, wenn möglich noch während der Dauer der Grundinspektion, abgestellt bzw. beseitigt werden muss. Ein Durchschlag der Mängelkarte wird dann an einem Board untergebracht, bis der Mangel abgestellt ist. In vielen Fällen ist dieses Board bereits nach den verschiedenen Verantwortungsbereichen aufgeteilt, z. B. in die Verantwortlichkeiten von Produktion und Instandhaltung oder aber auch aufgeteilt nach Problemen, die die Arbeitssicherheit oder den Umweltschutz betreffen. Bewährte Muster solcher „Roten Mängelkarten" sind in Kapitel 8.2 dieses Buches einzusehen.

Das vorrangige Ziel der Grundinspektion ist also nicht die saubere Maschine, sondern vor allem die aus den „Roten Mängelkarten" entstandene Mängelliste. Zunächst mag es abwegig erscheinen, die Grundinspektion mit einer Grundreinigung zu starten, aber wer jemals im Frühjahr sein Auto mit der Hand gewaschen hat, wird möglicherweise festgestellt haben, dass er dabei Kratzer, Steinschläge und andere Mängel auch an Stellen entdeckt hat, auf die man zwar täglich blickt, die aber wegen der Verschmutzung verborgen bleiben. Der gleiche Effekt kommt auch bei Produktionsanlagen zum Tragen. Zudem hat die Sauberkeit der Anlage eine wichtige Funktion. Verschmutzungen sind in der Regel sowohl Ursachen eines erheblichen Anteils der Maschinenausfälle als auch der Grund für erheblichen Reinigungsaufwand.

Um in Stufe zwei der Autonomen Instandhaltung den Verbesserungshebel ansetzen zu können, ist es also erforderlich zu erkennen, wie und wo Verschmutzungen entstehen. Und das geht eben an einer sauberen Anlage wesentlich einfacher. Ein Beispiel für eine Maschine nach Durchführung einer Grundinspektion zeigt die folgende Abbildung 9.

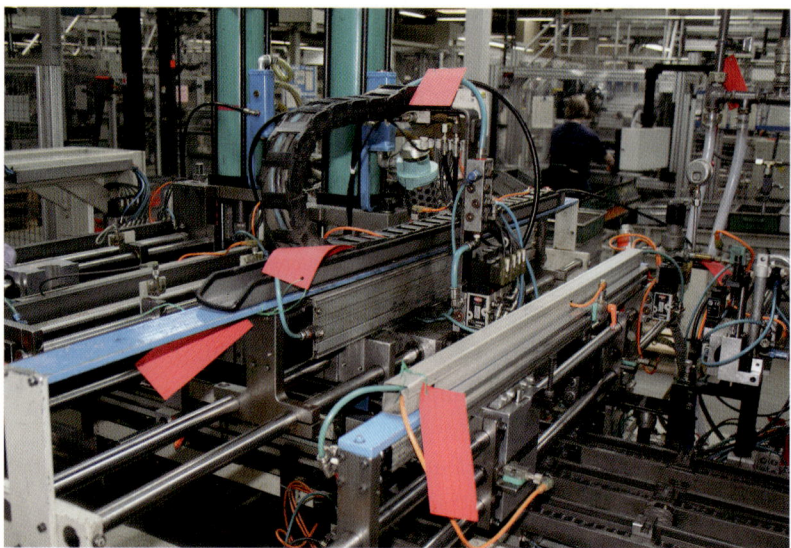
Abb. 9: Maschine mit roten Mängelkarten nach einer Grundinspektion

Zu den wichtigsten Aufgaben bei der Einführung der Autonomen Instandhaltung gehören:

- Vermittlung von Kenntnissen zur Funktionsweise der Maschinen und Anlagen an die Maschinenbediener

- Definition der Aufgaben der Instandhaltung und Abgrenzung zu den Aufgaben der Produktion

- Schulung und Ausbildung der Mitarbeiter, um die Maschinen und Anlagen selber zu pflegen, zu warten und kleinere Instandsetzungen selbst durchführen zu können

- Rückführung der Anlagen in einen „Wie-Neu-Zustand" durch Reinigung, Schmierung usw.

- Schulung der Mitarbeiter zur eigenständigen Erkennung von Fehlern und Abnormalitäten an den Maschinen und Anlagen

- Aufrechterhaltung des „Wie-Neu-Zustandes"

- Steigerung der OEE/GEFF und Verbesserung der Produktivität

Da diese Aufgaben nicht auf einmal umgesetzt werden können, hat sich das Vorgehen in sieben Stufen bewährt (vgl. Suzuki 1994, S. 101 ff.). Die Mitarbeiter können so Schritt für Schritt mehr Eigenverantwortung am Arbeitsplatz entwickeln. Mit jedem Schritt steigen Wissen und Fähigkeiten der Bediener. Die Erreichung jeder Stufe sollte mittels Audits überprüft und abgesichert werden (vgl. Kapitel 8.8).

Die Inhalte der sieben Stufen werden im Folgenden kurz dargelegt.

Stufe 1: Durchführung einer Grundinspektion
Stufe 2: Eliminierung von Verschmutzungsquellen und unzugänglichen Stellen
Stufe 3: Erstellen von Standards für Reinigung und Inspektion
Stufe 4: Qualifizierung von Mitarbeitern bezüglich Maschinen und Anlagen
Stufe 5: Durchführung der Autonomen Instandhaltung durch die Bediener
Stufe 6: Systematisierung
Stufe 7: Volle Anwendung der Autonomen Instandhaltung

Die Inhalte der sieben Stufen werden im Folgenden kurz dargelegt.

Durchführung einer Grundinspektion (Stufe 1)

Die Grundinspektion dient, wie der Name schon sagt, nicht nur der Reinigung sondern vor allen Dingen der Prüfung der Anlage bzw. Maschine. Es gilt das Motto **„Reinigen ist Prüfen"**. Dabei sollte der Verantwortliche sich an die folgende Reihenfolge halten:

Vorbereitung: Es wird im Team ein Plan erstellt, wann, wo und wie die Maschine gereinigt werden soll. Dabei kann evtl. auf vorhandene Reinigungspläne zurückgegriffen werden.

Das Umfeld der Maschine sollte nicht außer Acht gelassen werden (Checkliste in Kapitel 8.5).

Abstimmung: Hier wird im Team geklärt, was von wem mit welchen Mitteln erledigt wird. Zudem sollten eine Mängelliste und Mängelkarten vorbereitet werden. Hilfreich ist auch eine Checkliste für Werkzeuge, Putzmittel, Hilfsmittel und erforderliche Schutzausrüstung.

Durchführung: Nach einer Sicherheitseinweisung wird gemeinsam gereinigt und inspiziert. Die Vorgehensweise bei der Durchführung der Grundinspektion sollte sich nach der 5S-Aktion-Methode richten. Es hat sich gezeigt, dass die fünf Schritte dieser Vorgehensweise den gewünschten Effekt erzielen. Nähere Informationen findet der Leser im Kapitel 4.8. Abnormalitäten, wie z. B. lockere Schrauben, verstopfte Filter und angescheuerte Schläuche und Kabel sind dann mit den Mängelkarten zu kennzeichnen. Danach wird gemäß vorhandener Schmierpläne abgeschmiert.

Nachbereitung: Es werden neue **Reinigungs- und Wartungspläne** erstellt oder vorhandene optimiert (siehe Reinigungsplan in Kapitel 8.6). Die Mängel werden, sofern möglich, vom Team umgehend beseitigt. Um die verbleibenden Mängel kümmert sich dann die Instandhaltungsabteilung.

Praxis-Tipp

Es hat sich sehr bewährt, Führungskräfte, auch aus Nichtproduktionsbereichen, in die Grundinspektionsteams aufzunehmen. Ebenso sollten Mitarbeiter aus der Verwaltung eingebunden werden. Dies verdeutlicht den Produktionsmitarbeitern die Wichtigkeit von TPM und ist zudem ein Zeichen, dass an TPM niemand vorbei kommt. Auch bei der Abschlusspräsentation sollten Führungskräfte anwesend sein und damit ihre Anerkennung zeigen. Dies macht die Mitarbeiter stolz und motiviert sie.

Eliminierung von Verschmutzungsquellen und unzugänglichen Stellen (Stufe 2)
Kurz nach dem Wiederanlauf der grundinspizierten und damit sauberen Maschine müssen Verschmutzungsquellen identifiziert und beseitigt werden. Weiterhin müssen die für Reinigungs- oder Instandhaltungstätigkeiten schwer zugänglichen Stellen beseitigt werden. Ziel dieser Tätigkeiten ist eine Reduzierung der Instandhaltungs- und Reinigungszeiten.

Die Aktivitäten in Stufe 2 werden häufig unterschätzt, vor allem bei Anlagen die nicht „von der Stange" gekauft werden. Es geht darum, die Instandhaltung zu ermöglichen, und zwar soweit irgend möglich bei laufender Produktion. Damit setzt bereits in diesem Schritt ein erstes Ausmerzen von Konstruktionsmängeln ein. Typische Maßnahmen sind Schmierstellen mit Leitungen an Schmiernippeln oder Manometer außerhalb der Gefahrenzonen anzuschließen (vgl. Abbildung 10 und 11) und die Inspektion von bewegten Teilen durch Markierungen, durchsichtige Verkleidungen und Beleuchtung zu erleichtern (vgl. Abbildung 12). Schnellverschlüsse und Schlitten beschleunigen die Arbeiten, die während Maschinenstillständen ausgeführt werden müssen. Filter können in der Größe angepasst werden, um Standzeiten zu harmonisieren. Das benötigte Werkzeug, Material und Hilfsmittel direkt vor Ort an sogenannten Shadowboards (Schattenbrettern) (vgl. Abbildung 13) oder Service-Wagen anzubringen (vgl. Abbildung 14) hilft ebenfalls Zeit zu sparen.

Abb. 10: Nach außen verlegte Schmiernippel

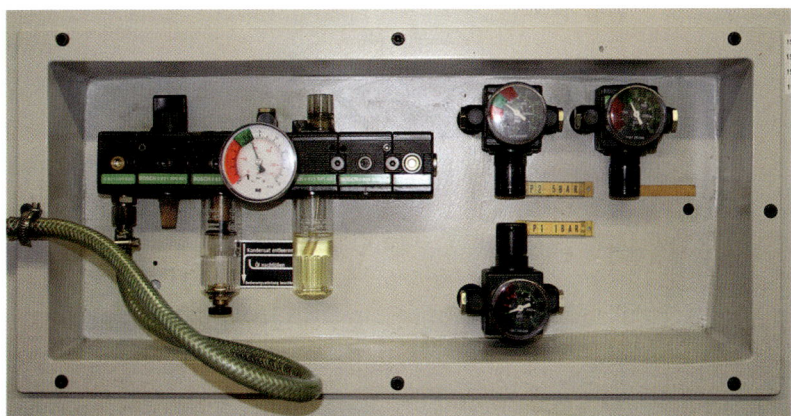

Abb. 11: Nach außen verlegte und gekennzeichnete Manometer

Abb. 12: Durchsichtige Verkleidung von bewegten Bauteilen

Abb. 13: Beispiel für ein Shadowboard

Praxis-Tipp

Alle in diesem Schritt durchgeführten Maßnahmen sollten von der Instandhaltung bzw. dem Engineering sorgfältig dokumentiert werden und Eingang in die Lastenhefte für neue Maschinen finden. Diese Möglichkeit zur Reduzierung von Instandhaltungstätigkeiten (engl.: Maintenance Prevention / MP) wird oft unterschätzt, vor allem bei Anlagen, die nicht „von der Stange" gekauft werden. Es geht darum, die Instandhaltung, soweit irgend möglich, bei laufender Produktion zu ermöglichen. Nicht zuletzt gilt: Instandhaltung wird vor allem dann zuverlässig durchgeführt, wenn die Durchführung einfach ist!

Erstellen von Standards für Reinigung und Inspektion (Stufe 3)

Ziel der dritten Stufe ist es, die Verbesserungen aus Stufe 1 und 2 zu sichern. Hierzu müssen die Anlagenbediener Reinigungs- und

Abb. 14: Beispiel für einen Schmier- und Werkzeugwagen

Inspektionstätigkeiten vorläufig standardisieren. Unter Standards sind vereinbarte Regeln oder Verfahrensweisen zu verstehen. Sie vereinheitlichen die Arbeitsvorgänge, sichern das bisher erreichte Leistungsniveau und bringen in der Regel eine erhebliche Arbeitserleichterung mit sich. Standards wirken dabei wie Keile, die das erreichte Leistungsniveau absichern (vgl. Abbildung 8). An dieser Stelle soll noch einmal die Bedeutung hervorgehoben werden, die in der Einführung von Standards liegt.

Die Voraussetzung für effiziente und nachhaltige Verbesserung von Arbeitsabläufen, Prozessen, Maschinen und Anlagen ist die Einführung von Standards. Nur wenn sichergestellt ist, dass alle Beteiligten nach diesem festgelegten Standard arbeiten bzw. verfahren, ist gewährleistet, dass Verbesserungen wirksam werden. Dies ist besonders wichtig, wenn im Schichtbetrieb gearbeitet wird und somit unterschiedliche Personen gleiche Arbeitsergebnisse erzielen sollen. Standardisiertes Arbeiten ist die Grundvoraussetzung für kontinuierliche Verbesserung! Dies ist eines der Geheimnisse des Erfolges von Toyota. Die Führungskräfte an den Linien (Hancho = Meister/Vorarbeiter/First Line Supervisor) achten streng darauf, dass ihre Teams nach dem festgelegten Standard arbeiten.

Die eigenständige Erstellung der Standards durch die Mitarbeiter ist wichtig, um die Akzeptanz der Standards zu verbessern. Überhaupt ist die Einhaltung der Standards ein kritischer Punkt. Dabei helfen visuelle Kontrollen.

Praxis-Tipp Häufig ist es nicht sofort möglich, eine Verschmutzung gänzlich zu vermeiden. Fast immer kann jedoch der Reinigungsaufwand drastisch reduziert werden, indem die Verschmutzung kanalisiert und eine zweckmäßige Entsorgung, z. B. durch austauschbare Einsätze oder Behälter vorgesehen wird.

Qualifizierung von Mitarbeitern bezüglich Maschinen und Anlagen (Stufe 4)
Nachdem die Stufen 1-3 umgesetzt wurden, erlernen die Mitarbeiter durch entsprechende Schulungsmaßnahmen die eigenständige Inspektion und Wartung der Produktionsanlagen. Eine Einarbeitung in zukünftige Aufgaben erfolgt anhand von Unterlagen aus der Instandhaltungsabteilung. Durch die Schulungen wird unter anderem die richtige Analyse der Inspektionsdaten vermittelt. Die Stufe 4 kann sehr lange dauern, denn es braucht Zeit, bis alle Anlagenbediener soweit ausgebildet sind und alle Abnormalitäten erkennen und beseitigen können.

Durchführung der Autonomen Instandhaltung durch die Bediener (Stufe 5)
In der fünften Stufe beginnt nun eine wirklich Autonome Instandhaltung. Die Formulare für Inspektion, Wartung und Reinigung werden hier von den Bedienern optimiert und mit zusätzlichen Informationen versehen. Außerdem sollte ein Abgleich mit Unterlagen der Instandhaltungsabteilung erfolgen.

Systematisierung (Stufe 6)

Nach den ersten fünf Stufen der Autonomen Instandhaltung haben die Anlagen einen optimalen Zustand und es wurden Standards entwickelt, um diesen Zustand zu erhalten. In der Stufe 6 werden Maßnahmen ergriffen, um die bisherigen Aktivitäten und Unterlagen im gesamten Werk zu vereinheitlichen und zu systematisieren. Kontrolleinrichtungen werden vereinheitlicht und die Arbeitsabläufe - auch im Anlagenumfeld - optimiert und in Flussdiagrammen dokumentiert. Inspektions-, Schmier- und Reinigungspläne werden konsolidiert, so dass für gleiche Anlagen bzw. Tätigkeiten nur jeweils ein Standard existiert.

In Stufe 6 werden auch Aktivitäten aus dem Baustein „Qualitätserhaltung" unterstützt. Durch die Inspektionsarbeiten der Bediener erlangt dieser wichtige Informationen zu Abnormalitäten, die zu Qualitätsproblemen führen und dokumentiert diese in Qualitätserhaltungsunterlagen.

Volle Anwendung der Autonomen Instandhaltung (Stufe 7)

Die siebte Stufe bringt keine neuen Maßnahmen. Das Erreichen dieser Umsetzungsstufe bedeutet vielmehr den Übergang zu einem kontinuierlichen Verbesserungsprozess. Die Maschinen- und Anlagenbediener übernehmen selbstsicher die volle Verantwortung für den Zustand ihrer Maschinen und Anlagen. Sie haben die Kenntnisse, um die Effektivität der betreuten Produktionseinrichtungen kontinuierlich zu steigern, d.h., sie entdecken, erkennen und beseitigen fortwährend sowie nachhaltig Schwachstellen, reduzieren Verluste und dokumentieren ihre Aktivitäten (vgl. Al-Radhi 2002, S. 48 f.).

2.3 Geplante Instandhaltung

Beim Baustein Geplante Instandhaltung geht es um spezielle Instandhaltungsmaßnahmen, die von der Instandhaltungsabteilung durchgeführt werden und dem Ziel von **Null-Maschinenausfällen** dienen, um eine hohe Verfügbarkeit von Maschinen und Anlagen zu erreichen. Bei der richtigen Anwendung und Ausrollung dieses Bausteins, werden so genannte „**Null-Linien**" möglich, d.h. die Produktionslinien laufen beständig ohne Bedienereingriff, so dass zu jeder Zeit gute Ware hergestellt wird. Die Autonome Instandhaltung verschafft der Geplanten Instandhaltung dazu den benötigten Freiraum für solche Tätigkeiten, die zum einen spezielle Kenntnisse erfordern und zum anderen gezielt auf eine hohe Verfügbarkeit und möglichst Null ungeplante Stillstände gerichtet ist. Zu den besonderen Maßnahmen und Tätigkeiten in diesem Bereich gehören:

- Wartungen mit Spezialwerkzeugen

- Inspektionen mittels aufwendiger Messgeräte

- Zeitaufwendige Überholungen (Shut-Down Maintenance)

- Zeitgeführte Instandhaltung

- Vorausschauende / Zustandsgeführte Instandhaltung

- Instandhaltungsmaßnahmen mit hoher Anforderung an die Arbeitssicherheit (z. B. Starkstromelektrik, Elektronik, Chemie etc.)

Gemessen werden die Erfolge der Geplanten Instandhaltung anhand der Kennzahlen MTTR (= mean time to repair / mittlere Reparaturzeit) und MTBF (= mean time between failures / mittlere Laufzeit zwischen zwei Stillständen). Die MTTR sollte minimiert und die MTBF maximiert werden. Die Kennzahlen berechnen sich folgendermaßen:

$$MTTR = \frac{\text{Summe der Reparaturzeit}}{\text{Anzahl der Fehler}} \quad [\text{Stunden}]$$

$$MTBF = \frac{\text{Betriebszeit}}{\text{Anzahl der Fehler}} \quad [\text{Stunden}]$$

MTTR bezeichnet die durchschnittliche Reparaturzeit, die nach ungeplanten Stillständen aufgewendet werden muss, um die Maschine / Anlage wieder in Gang zu setzen. Dabei wird die Reparaturzeit nicht nur durch die Instandsetzung direkt an der Maschine, sondern auch durch nachstehende Komponenten beeinflusst:

- Koordination eines Maschinenausfalls (Ausfallmeldung, Planung der Vorgehensweise),

- Diagnose der Ausfallursache,

- Verfügbarkeit des Reparaturpersonals,

- Beschaffung spezieller Werkzeuge und Ersatzteile,

- Inbetriebnahme der instandgesetzten Maschine.

Eine weitere Kenngröße, die in Richtung Null-Linien zielt, ist die **NTT** (no-touch-time). Sie bezeichnet die Zeitspanne, in der an einer Maschine kein Bedienereingriff erforderlich ist. Dabei wird entweder mit der durchschnittlichen NTT oder maximalen NTT in der letzten betrachteten Periode gearbeitet.

Bei der **MTBF** wird die mittlere Laufzeit zwischen zwei Anlagenausfällen berechnet. Um sie zu verlängern, können eine Reihe von Maßnahmen ergriffen werden, wie in Abbildung 15 dargestellt.

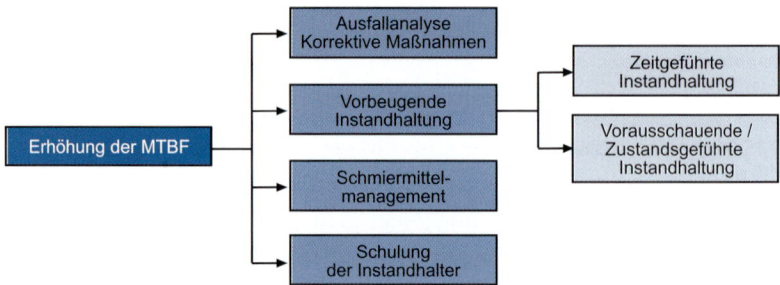

Abbildung 15: Ansätze zur Erhöhung der MTBF

Auch in dem TPM-Baustein „Geplante Instandhaltung" hat sich ein systematisches Vorgehen in **sieben Stufen** bewährt (vgl. Suzuki 1994, S. 161 ff.):

Stufe 1: Ist-Aufnahme des Anlagenzustandes
Stufe 2: Beseitigung von Abnutzungserscheinungen und Schwachstellen
Stufe 3: Aufbau eines Informationssystems
Stufe 4: Aufbau der zeitgeführten Instandhaltung
Stufe 5: Aufbau der vorausschauenden / zustandsgeführten Instandhaltung
Stufe 6: Bewertung der Geplanten Instandhaltung
Stufe 7: Volle Anwendung der Geplanten Instandhaltung

Ist-Aufnahme des Anlagenzustandes (Stufe 1)
Hier geht es primär darum, Informationen zur Zuverlässigkeit und zum erforderlichen Instandhaltungsaufwand der einzelnen Produktionseinrichtungen zu bekommen. Dann können nach einer Analyse und entsprechenden Prioritätensetzung, z. B. mit Hilfe von Pareto-Diagrammen, Verbesserungsaktivitäten zielgerichtet durchgeführt werden. Zur Gewinnung der benötigten Daten sollten Anlagenlogbücher geführt werden, in denen neben den üblichen Informationen wie z. B. Hersteller, Baujahr usw. auch:

- Berichte über Umbau- und Überholungsmaßnahmen (wichtig für den Baustein Anlaufmanagement),

- Berichte über die Maßnahmen der Autonomen Instandhaltung

- Berichte über durchgeführte Instandsetzungen und

- Verbrauch von Ersatz- und Verschleißteilen

enthalten sein sollten.

Beseitigung von Abnutzungserscheinungen und Schwachstellen (Stufe 2)

Die Stufe 2 greift die Erkenntnisse der ersten Stufe auf und geht zielgerichtet an die dauerhafte Beseitigung von Abnutzungserscheinungen und Schwachstellen durch Kleingruppenaktivitäten. Dabei kommen die gleichen Werkzeuge wie bei dem Baustein „Kontinuierliche, zielgerichtete Verbesserung" zum Einsatz. Der Erfolg der Aktivitäten in Stufe 2 sollte anhand der Kennzahlen MTBF und MTTR gemessen werden.

Aufbau eines Informationssystems (Stufe 3)

Hier wird ein Kennzahlensystem aufgebaut und flächendeckend umgesetzt. Informationen zur Anlage, Fehlerklassifizierung, ausgefallenen Komponenten, Art des Fehlers, Fehlerursache, eingeleitete Maßnahmen und benötigte Ressourcen zur Beseitigung des Fehlers sollten systematisch erfasst werden. Da hierbei eine Vielzahl an Daten anfällt, liegt eine Unterstützung durch ein EDV-System nahe. Ein solches Instandhaltungsplanungs- und -steuerungssystem ermöglicht eine komfortable Datenanalyse und eine bessere Planung der Instandhaltungsmaßnahmen. Die EDV-Unterstützung ermöglicht weiterhin auch ein effizienteres Ersatzteilmanagement.

Aufbau der zeitgeführten Instandhaltung (Stufe 4)

Die Aufgaben im Rahmen der vorbeugenden Instandhaltung können in der Regel nur während eines Stillstandes durchgeführt werden. Bei der zeitgeführten Instandhaltung werden die Anlagen und deren Komponenten in bestimmten, aufgrund von Erfahrung festgelegten Zeitintervallen unabhängig vom tatsächlichen Zustand überprüft und gewartet. Die Instandhaltungsabteilung legt in Absprache mit der Produktion fest, wann und an welcher Anlage diese Maßnahmen durchgeführt werden; denn sie können in der Regel nur während eines Stillstandes durchgeführt werden. Die zeitgeführte Instandhaltung wird deshalb bei Bauteilen angewandt, bei denen die Abnutzungsdauer bekannt ist oder bei denen eine zeitintensive und aufwendige Demontage erforderlich ist. Auswahlkriterien für die Anlagen bzw.

deren Komponenten, die einer zeitbasierten Instandhaltung unterzogen werden sollten sind z. B.:

- Gesetzliche Vorschriften, die periodische Maßnahmen fordern

- Anlagen oder Komponenten bei denen verlässliche Erfahrungswerte zur Lebensdauer vorliegen

- Anlagen oder deren Komponenten, die wegen ihrer Wichtigkeit für den Produktionsprozess regelmäßig überprüft werden sollten

- Anlagen oder deren Komponenten, die während des normalen Betriebs nicht oder nur sehr schwierig repariert werden können

Daraus ergeben sich dann die entsprechenden Instandhaltungspläne. Um sicherzustellen, dass die Instandhaltungsmaßnahmen akkurat und effizient ausgeführt werden, sollten Standards bezüglich Arbeitsabläufen, Ersatzteilmanagement, Schmiermittelmanagement und Sicherheit festgelegt werden.

Praxis-Tipp

Zeitgeführte Instandhaltung wird häufig mit kalendarisch geplanter Wartung gleichgesetzt. Bei allen Anlagen, die nicht im Vollkonti-Betrieb laufen, ergeben sich damit aber Schwankungen in der Laufzeit zwischen den Wartungen (durch Feiertage etc.). Im Bereich der Fahrzeuge sowie der Bau- und Landmaschinen haben sich Wartungsintervalle aufgrund von gefahrenen Kilometern bzw. Betriebsstunden durchgesetzt. Das lässt sich auch auf Produktionsanlagen übertragen. Der Gewinn ist hier zum einen die Einsparung an Wartungszeit und Kosten, zum anderen aber auch die Möglichkeit, sich sehr viel exakter an den tatsächlichen Bedarf an Wartungsmaßnahmen heranzutasten. Das fördert dann auch sehr die Akzeptanz dieser Produktionsunterbrechungen.

Die Herausforderung ist, eine solche Vorgehensweise im Produktionsalltag zu organisieren. Bewährt hat sich hier, eine relativ einfache Maschinensteuerung zu installieren, die die Betriebsstunden der bestehenden Anlagen zählt und bei Annäherung an das nächste Wartungsintervall alle Betroffenen rechtzeitig, z. B. per E-Mail informiert. Hier hilft es natürlich sehr, wenn im Rahmen der Autonomen Instandhaltung möglichst große Wartungsumfänge von den Anlagenbedienern übernommen werden können

Aufbau der vorausschauenden Instandhaltung (Stufe 5)
Bei der vorausschauenden Instandhaltung (auch PDM für Predictive Maintenance oder CBM für Condition Based Maintenance) wird der Zustand eines Bauteils während des laufenden Betriebes durch spezielle Messverfahren überprüft. Bei signifikanten Zustandsänderungen wird dieses Bauteil während eines geplanten Stillstandes gewechselt. Für eine vorausschauende Instandhaltung sind zwei Dinge wichtig:

- Es muss eine geeignete Messmethode verfügbar sein, um Zustandsänderungen eines Bauteils erkennen zu können und

- es muss noch ausreichend Zeit vorhanden sein, das schadhafte Bauteil im Rahmen eines geplanten Stillstandes auszutauschen.

- Gängige Diagnoseverfahren fokussieren auf:

    - Schwingungsmessung

    - Thermographie

    - Schmiermitteluntersuchung

    - Ultraschallmessung und

    - Geräuschmessung

Bewertung der Geplanten Instandhaltung (Stufe 6)
In dieser Stufe sind die Erfolge der Geplanten Instandhaltung aufgrund von Kennzahlen zu bewerten und gegebenenfalls korrigierende Maßnahmen zu ergreifen. Dabei sollte auch bewertet werden, wie gut die Produktions- und die Instandhaltungsabteilung zusammen arbeiten, d.h. ist die Aufgabenverteilung zwischen diesen beiden Abteilungen geklärt, besonders in Bezug auf die Aktivitäten der Autonomen Instandhaltung.

Volle Anwendung der Geplanten Instandhaltung (Stufe 7)
In dieser Phase wird die geplante Instandhaltung in dem Unternehmen durchgängig angewendet und vorhandene Standards werden kontinuierlich weiterentwickelt. Die Zusammenarbeit mit den Abteilungen Produktion, Entwicklung und Qualitätssicherung ist optimiert, besonders in Bezug auf die beiden TPM-Bausteine Qualitätserhaltung und Anlaufmanagement.

2.4 Kompetenzmanagement

Gut ausgebildete Mitarbeiter und hoch motivierte Führungskräfte sind ein Schlüsselfaktor für den Erfolg von TPM. **Schulung und Ausbildung** finden hierzu in allen Bausteinen des TPM-Konzepts statt. In dem Baustein „Kompetenzmanagement" geht es darum, zunächst den Kenntnisstand aller Mitarbeiter zu ermitteln und daraus den Schulungs- und Ausbildungsbedarf der Mitarbeiter zu entwickeln und zu dokumentieren, um die notwendigen Schulungsmaßnahmen einzuleiten.

Zu Beginn einer TPM-Einführung sollte jeder Mitarbeiter für TPM sensibilisiert und über die Grundlagen von TPM informiert werden. Für diese erste Einführungsschulung reichen erfahrungsgemäß zwei Stunden. Zudem sollten weitere Informationsmöglichkeiten wie z. B. Info-Boards, Werkszeitschriften oder TPM-Broschüren genutzt werden, um TPM im Unternehmen bekannt zu machen. Dies sind allerdings nur die Anfänge. Kenntnisse und Fähigkeiten der einzelnen Mitarbeiter müssen für den weiteren Erfolg von TPM wesentlich umfangreicher ausgebaut werden. Der Fokus bei der Ausbildung von Mitarbeitern und Führungskräften muss zunächst auf den Aspekt Teamarbeit gerichtet werden. Will man das Wissen und Können mobilisieren, so muss man möglichst alle Mitarbeiter in diesen Prozess einbeziehen, denn TPM-Teamarbeit stellt neue Anforderungen. Einige dieser Anforderungen sollen hier kurz erwähnt werden. Dazu gehören die Selbstorganisation, die Fähigkeit zu kooperieren, das Erlernen von Planungsaufgaben und Aufgaben, die aus dem Umfeld entstehen, wie auch Anforderungen, die konkret mit TPM-Aufgaben zu tun haben, z. B. wertschöpfende Tätigkeiten bei der Jagd nach Verlusten und Verschwendungen. Hier muss ein solides Fundament von Kompetenzen entwickelt werden. Kompetenzen bezeichnen die Gesamtheit von Wissen, Fähigkeiten und Fertigkeiten, die ein Mitarbeiter für die selbstständige Erledigung seiner Aufgaben benötigt. Dies bedeutet die Kompetenz der Mitarbeiter der unterschiedlichen Hierarchiestufen vorrangig in drei Bereichen zu vermitteln und zu schulen:

Fachkompetenz
Die Kenntnisse, die direkt mit der auszuführenden Tätigkeit verbunden sind, gehören zu der fachlichen Kompetenz. Dabei soll sichergestellt werden, dass der Mitarbeiter besser mit der Fertigungs- oder Produktionsanlage, an der er arbeitet, vertraut gemacht wird. Ziel ist es unter anderem, dem Mitarbeiter einfache Instandhaltungsmaßnahmen (siehe Baustein Autonome Instandhaltung) zu übertragen. Beispiele hierfür sind Kenntnisse zu Wartung und Pflege, Schmierung, Schrauben, Hydraulik, Pneumatik usw. Daneben sollten aber auch spezielle TPM-Kenntnisse vermittelt werden, wie z. B. TPM-Grundlagen, Verluste und OEE. Das gleiche in Bezug auf Fachkompetenzen gilt natürlich auch für die administrativen Bereiche.

Methodenkompetenz
Wir haben bereits gesehen, dass sehr erfolgreiche Unternehmen darauf bauen, dass ihre Mitarbeiter Probleme strukturiert, schnell und nachhaltig lösen können. Das dazu nötige Handwerkszeug verstehen wir unter Methodenkompetenz. Besonders wichtig ist dabei, neben einer systematischen und strukturierten Vorgehensweise, dass diese Problemlösung durch eine Gruppe von Mitarbeitern gemeinschaftlich (TPM-Teamarbeit) stattfindet und nicht nur an einzelnen Leistungsträgern hängt. Die Schulungen sollten mindestens die Basiselemente von TPM (z. B. Visualisierung), die notwendigen Arbeitshilfen (z. B. Einpunktlektionen) und die wichtigsten Werkzeuge (z. B. 5W- oder Pareto-Analyse) umfassen.

Sozialkompetenz

Hier sollten dem Mitarbeiter sogenannte Soft Skills vermittelt werden, die Voraussetzung für Gruppenarbeit und Teambildung sind. Der Mitarbeiter wird hierbei darin geschult, in einer Gruppe produktiv mitzuarbeiten, die Gruppe vor Vorgesetzten vertreten zu können oder auch zur Konfliktlösung innerhalb einer Gruppe aktiv beizutragen. Kurz gesagt ist soziale Kompetenz die Fähigkeit des Mitarbeiters und der Führungskraft, in einem Team und teamübergreifend fair, effizient und verantwortlich zu agieren und zu kooperieren. Zu den Schulungsinhalten sollten unter anderem Grundlagen der Teamarbeit, der Motivation und der Konfliktregelung gehören. Besondere Aufmerksamkeit in Bezug auf soziale Kompetenz ist hier den Führungskräften zu widmen.

Unter Berücksichtigung der individuellen Qualifikationssituation der Mitarbeiter, deren Anforderungsprofil im Arbeitsalltag und deren eigener Interessen, trifft die Führungskraft in Abstimmung mit dem Mitarbeiter und den Bausteinverantwortlichen für „Kompetenzmanagement" die Entscheidung, wer, wann, für welche Schulung bzw. welchen Schulungstyp vorgesehen ist. Dabei sollte man den Fehler vermeiden, alle Mitarbeiter in allen denkbaren Tätigkeiten zu schulen. Die Schulungen sind vielmehr auf die Themen zu beschränken, die vom Mitarbeiter auch selbst tatsächlich angewendet werden können. Dieser Aspekt der Schulungen ist von größter Wichtigkeit. Um auch im Bereich der Schulung Verluste und Verschwendung zu vermeiden, sollten die Schulungen ganz gezielt auf die Wissens- und Fähigkeitslücken der Mitarbeiter beschränkt bleiben. Am effektivsten wirkt diejenige Schulung, die ein Lücke schließt und die der Mitarbeiter zeitlich gesehen unmittelbar umsetzen kann. In einem fortgeschrittenen TPM-Stadium sollten die Mitarbeiter selbstständig entscheiden können, welche Schulungen sie benötigen.

Wird Schulung in den Bereichen fachliche, methodische und soziale Kompetenz sinnvoll gestaltet, entsteht daraus eine weitere Kompetenz, die in einem kontinuierlichen Verbesserungsprozess von großer Bedeutung und Wichtigkeit ist: **Die Handlungs- und Umsetzungskompetenz!** Der Mitarbeiter wird in die Lage versetzt, gelernte Dinge umzusetzen. Die fortgesetzte Anwendung und Ausübung dieser Handlungs- und Umsetzungskompetenz ermutigt den Mitarbeiter, auch schwierige Themen strukturiert anzugehen, zu analysieren und zu lösen. Die nachfolgende Abbildung illustriert die Zusammenhänge der unterschiedlichen Kompetenzen.

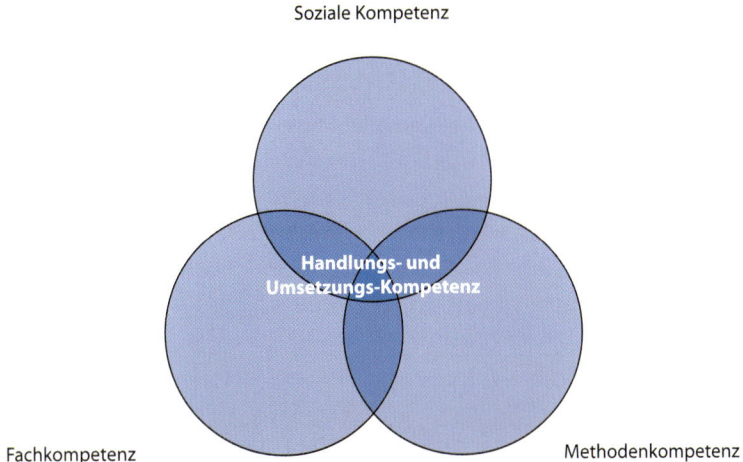

Abb. 16: Kompetenzen in der Teamarbeit

Nachfolgend soll kurz erläutert werden, wie der Qualifikationsstand von Mitarbeitern und Führungskräften ermittelt wird und wie daraus eine sogenannte Kompetenz-Matrix (auch Skill-Matrix genannt) wird.

Zunächst ermittelt man für jeden Arbeitsplatz die erforderlichen Qualifikationen und Kenntnisse, die man braucht, um diesen Arbeitsplatz selbstständig auszufüllen und zu beherrschen. Danach stellt man fest, welche Qualifikationen und Kenntnisse die betreffenden Mitarbeiter haben.

Dabei beurteilen die Mitarbeiter sich zunächst selbst. Auch die Führungskräfte nehmen eine solche Beurteilung ihrer Mitarbeiter vor. Im nächsten Schritt werden dann die Eigen- und die Fremdbeurteilung zusammengeführt. Dies erfolgt sinnvollerweise in einem kooperativen Gespräch zwischen Mitarbeiter und Führungskraft. Die konsolidierte und abgestimmte Beurteilung bildet dann die Grundlage für die momentane Einstufung der Qualifikation und der Kenntnisse und ist gleichzeitig die Grundlage für die notwendigen Schulungen. Dies geschieht auf einer rollierenden Basis, damit stets eine aktuelle Situation einsehbar ist. Die nachfolgende Abbildung vermittelt einen Eindruck, über mögliche Kriterien einer Kompetenz-Matrix.

Soziale Kompetenz	Fachliche Kompetenz	
	Allgemeine Teamaufgaben	Linienbezogene Aufgaben
Teambildungstraining Teil 1 + 2 / TPM-Aufgaben Teams/Teamsprecher / OPL Wahl von Teamsprecher / OPL Ziele und Kennzahlen / Problemlösung im Team / WS Teamsprecher/Vertreter / Präsentationstraining / Moderationstraining	MHD/QuaSi-Kontrollen / ISO – Methodenvorschriften / PC-Grundfertigkeiten / Verlusterfassung / Administrative Abwicklung von Reklamationen / Zeiterfassung / SAP / Produktionsplanung / Anlagenberichte / Materialbestellung und Bestände	Elektrotechnisch unterwiesene Person / Elektro-Fachkraft für begrenzte Aufgaben / Standards von/für Folgeabteilungen / Überwachung der Raumtemperatur / Überwachung der Produkt-Temperatur / MHD und Schicht-Codiergeräte bedienen / Reklamationskriterien Roh, Pack, Hilfsstoffe / Qualitätssicherung am eig. Arbeitsplatz / Einhalten von Gewichtsvorgaben

Abb. 17: Beispiele für soziale und fachliche Kompetenzen in einer Kompetenzmatrix

Methodische Kompetenz					
Basis Informationen	AIH - Stufe I	AIH - Stufe II	AIH - Stufe III	AIH - Stufe IV	AIH - Stufe IV
Basisinfo TPM	Schulung Grundreinigung / Einpunktlektionen / Stufenplanung / Statistik: Abnormalitäten, Verbesserungen / 5S und Pareto-Analyse / Gestaltung Linienboard / Kennzahlenberechnung / N 5 W - Analyse	Einführung Stufe II / Planungsblätter / Reinig. Schmierg. Inspekt. / Einführung in die Stufe III	Standardkarten / Farbcodierungen / PM-Analyse / 8er Strategie	Einführung Stufe IV / Schraubverbindungen / Schmierung / Antriebe – Bänder – Ketten / Pneumatic / Hydraulik / Elektrik / Einführung in die Stufe V	MTTR - MTBF

Abb. 18: Beispiele für methodische Kompetenzen in einer Kompetenzmatrix

Um die Qualifikationssituation der Mitarbeiter transparent zu machen, bedarf es eines standardisierten und nachvollziehbaren Bewertungssystems. Dazu wird der Schulungsstand in der Kompetenzmatrix visualisiert. Bewährt hat sich dafür ein Quadrat mit den folgenden optischen Ausprägungen:

    ☐ Keine Schulung erforderlich

    ☐ Mitarbeiter noch nicht geschult

    ◩ Mitarbeiter wurde angelernt

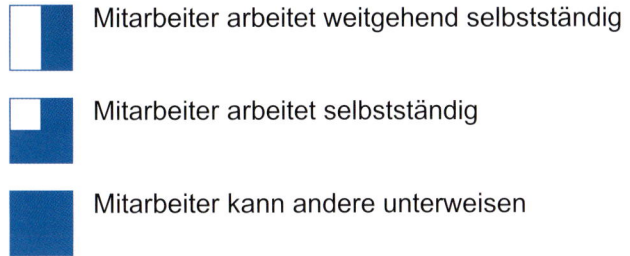

Ein Beispiel für eine stark komprimierte Kompetenz-Matrix findet sich in der folgenden Abbildung 19. Der öffentliche Aushang der Kompetenz-Matrix pro Team oder pro Abteilung gibt jedem Mitarbeiter sofort eine Auskunft über den Schulungsstand des jeweiligen Bereichs und kann Mitarbeiter stolz machen, wenn die Fortschritte ihrer Bemühungen deutlich werden.

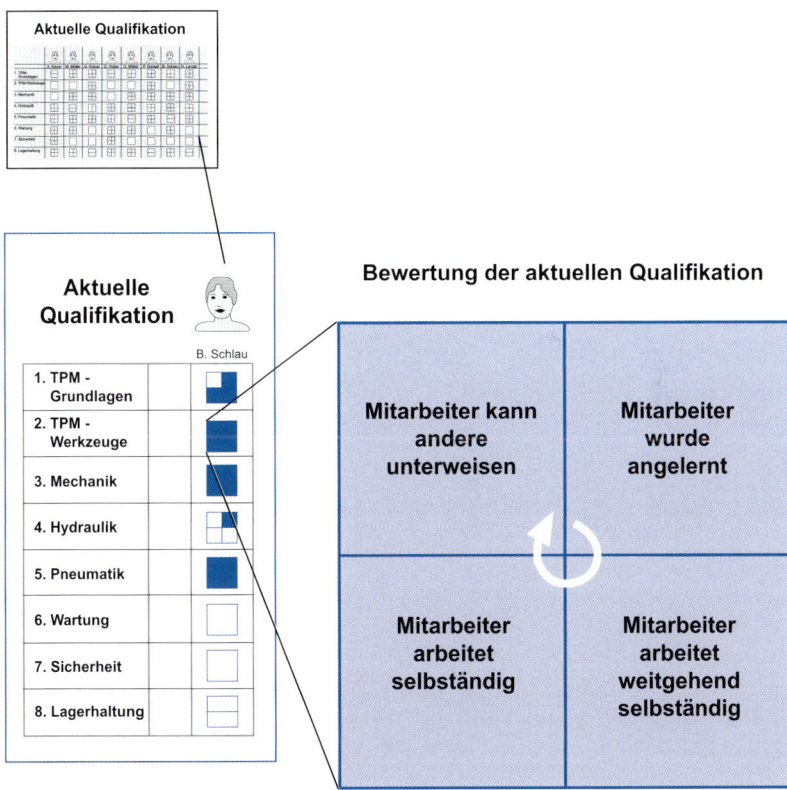

Abb. 19: Beispiel einer Kompetenz-Matrix für die mechanische Fertigung

Praxis-Tipp Der öffentliche Aushang einer Kompetenz-Matrix bedarf einer recht fortschrittlichen Unternehmenskultur. Die rechtzeitige Einbeziehung des Betriebsrats in eine Planung dieses Vorhabens sichert eine angemessene Art und Weise der Einführung. So kann zum Beispiel der

Name der Mitarbeiter am Anfang verschlüsselt werden.
Auch kann die Führung solcher Matrizen bei flexiblen Arbeitsinhalten sehr schnell den Einsatz einer Datenbank-Software sinnvoll machen. Auch hier hilft die rechtzeitige Abstimmung mit dem Betriebsrat, eine angemessene Lösung zu finden.

2.5 Ihr Lernerfolg aus diesem Kapitel

- Eine der Leitlinien von TPM ist die Eliminierung von Verlusten. Es werden 16 Verlustarten in den drei Kategorien „Maschinen und Anlagen", „Mitarbeiter" und „Ressourcen" unterschieden. In den 16 Verlustarten finden sich die 7 Verschwendungsarten (Muda) wieder, die beim Toyota Produktionssystem bzw. in der Lean-Philosophie unterschieden werden.

- Die „Roten Mängelkarten" dienen vor allen Dingen der Erstellung einer umfangreichen und vollständigen Mängelliste.

- Zentrale Kenngröße im Rahmen von TPM ist die Overall Equipment Effectiveness, kurz OEE (im Deutschen auch Gesamtanlageneffektivität, kurz GEFF genannt). Die OEE berechnet sich durch Multiplikation von Verfügbarkeitsgrad, Leistungsgrad und Qualitätsgrad.

- Bei der Autonomen Instandhaltung geht es um die Verlagerung von Instandhaltungstätigkeiten in die Produktion und die Erhöhung der Anlagenzuverlässigkeit. Die Implementierung erfolgt in sieben Stufen.

- Bei der Geplanten Instandhaltung geht es um spezielle Instandhaltungsmaßnahmen, die von der Instandhaltungsabteilung durchgeführt werden und dem Ziel von Null-Maschinenausfällen dienen. Die Erfolge der Geplanten Instandhaltung werden anhand der Kennzahlen MTTR (= mean time to repair / mittlere Reparaturzeit) und MTBF (= mean time between failures / mittlere Laufzeit zwischen zwei Stillständen) gemessen. Die Implementierung der Geplanten Instandhaltung erfolgt wie bei den meisten anderen Bausteinen in sieben Stufen.

- Für eine strukturierte Problemlösung bietet sich der PDCA-Kreis an, der von Deming bekannt gemacht wurde. Die Abkürzung PDCA steht für Plan, Do, Check, Act – auf Deutsch Planen, Durchführen, Checken und Agieren.

- TPM hat seine Wurzeln in der Autonomen Instandhaltung, ist mittlerweile aber viel umfassender.

- Die Standardisierung von Abläufen jeglicher Art ist eine Grundvoraussetzung für erfolgreiches Arbeiten. Kontinuierliche Verbesserung funktioniert nur beständig, wenn Standardisierung konsequent umgesetzt wird. Umgekehrt ist der Standard das Kommunikationsmittel für den jeweils erreichten Zustand an Verbesserung. Der Standard wird damit umso wichtiger, je schneller man sich verbessert und je flexibler das Personal eingesetzt wird.

- In dem Baustein „Kompetenzmanagement" geht es darum, den Schulungs- und Ausbildungsbedarf der Mitarbeiter zu ermittelt und zu dokumentieren, um daraufhin die notwendigen Maßnahmen einzuleiten. Dieser Baustein wird daher auch „Kompetenzmanagement" genannt.

- Kompetenzmanagement ist darauf gerichtet, bedarfsgerecht die Fach-, Methoden- und soziale Kompetenz aller Mitarbeiter auf allen hierarchischen Ebenen zu entwickeln.

- Die Entwicklung der Fach-, Methoden- und Sozialkompetenz führt dazu, dass Mitarbeiter auf allen Ebenen Handlungs- und Umsetzungskompetenz erwerben.

2.6 Übungsaufgaben zu diesem Kapitel

Aufgabe 1
Skizzieren Sie die 16 Verlustarten!

Aufgabe 2
Ein Unternehmen hat an einer Anlage einen Verfügbarkeitsgrad von 80 %, einen Leistungsgrad von 95 % und einen Qualitätsgrad von 98 %. Wie hoch ist die OEE?

Aufgabe 3
Mit welcher Stufe sollte die Autonome Instandhaltung beginnen?

Aufgabe 4
Welche Tätigkeiten werden nach Einführung der Autonomen Instandhaltung von der Instandhaltungsabteilung ausgeführt?

Aufgabe 5
Erklären Sie die Bedeutung von Standardisierung!

Aufgabe 6
Welche drei Kompetenzfelder sollen in Schulungen vermittelt werden?

Aufgabe 7
Wozu führt die Entwicklung der drei Kompetenzfelder?

3. Weiterführende TPM-Bausteine

Die meisten Unternehmen starten nicht mit allen Bausteinen gleichzeitig, sondern nur mit einem Teil. In der Regel sind dies die ersten vier Bausteine. Spätestens nach den ersten Erfolgen mit TPM sollten die weiteren vier Bausteine in Angriff genommen werden, da sonst wichtiges Verbesserungspotenzial ungenutzt bleibt. Diese weiterführenden Bausteine 5-8 sind:

5. Baustein   **Anlaufmanagement**

6. Baustein   **Qualitätserhaltung**

7. Baustein   **TPM in administrativen Bereichen**

8. Baustein   **Arbeitssicherheit, Umwelt- und Gesundheitsschutz**

3.1 Anlaufmanagement

Dieser Baustein wird häufig auch Anlaufüberwachung, „Early Equipment Control", „Early Product and Equipment Management" oder „Start-up-Control" genannt. Dabei geht es um die

- frühzeitige, bereichsübergreifende Planung von neuen Produkten, Prozessen und Anlagen,

- frühzeitige Einbeziehung der Zulieferer in die Planung,

- Verkürzung der Entwicklungszeiten von neuen Produkten, Prozessen und Anlagen

- Realisierung von kurzen Anlaufzeiten bei neuen Produkten, Prozessen und Anlagen und insbesondere um die

- Berücksichtigung der so genannten MP-Informationen (MP steht für „Maintenance Prevention", also Instandhaltungsvermeidung).

Diese Ziele erreicht das Anlaufmanagement, indem beispielsweise bei der Anlagenneubeschaffung bereits in der Planungsphase auf die **Instandhaltbarkeit**, **Zugänglichkeit** und **Bedienungsfreundlichkeit** der neuen Anlage geachtet wird. Darüber hinaus spielen die Anlagenplaner, Konstrukteure sowie die Instandhaltungs- und Produktionsmitarbeiter eine große Rolle. Sie setzen den Maßstab für die spätere Anlage und lassen ihre gesamte Erfahrung in die Konstruktion bzw. Beschaffung mit einfließen. Dadurch lassen sich die Fehler frühzeitig erkennen und die Anlaufphase kann deutlich verkürzt werden. Werden Fehler erst in der Anlaufphase behoben, ist dies meist sehr zeit- und kostenintensiv. An dieser Stelle sei noch einmal daran erinnert, dass über 70% der Probleme, die bei der Inbetriebnahme oder kurz danach auftreten, aus der **Design-Phase** stammen.

Sowohl für die Produktneuentwicklung als auch für die Beschaffung und den Anlauf neuer Anlagen wird ein schrittweises Vorgehen empfohlen. Der Schlüssel zum Erfolg ist hier, die **Erfahrungen der Produktion und Instandhaltung**, der **Entwicklung und Konstruktion** dem **Anlagenbauer** so zur Verfügung zu stellen, dass die neuen Anlagen sich verhalten, als ob sie über Jahre verbessert worden wären. Deshalb ist die Verknüpfung mit den anderen TPM-Bausteinen bei dem Anlauf neuer Anlagen besonders intensiv, so dass die schrittweise Vorgehensweise im Folgenden kurz dargelegt werden soll (vgl. Nakajima 2006, o.S.; Al-Radhi 2002, S. 72 ff.):

1. **Produktentwicklung:** Auf der Basis des geplanten Produktes erfolgt die Festlegung der Fertigungsprozesse sowie der Rahmenbedingungen für das System Mensch - Maschine - Material - Methode (4M). Wichtig ist dabei die Einbindung der Mitarbeiter aus Produktion und Instandhaltung, um MP-Informationen über bereits vorhandene Anlagen zu erhalten. Dabei kommen Werkzeuge wie die QM-Matrix, die 4M-Analyse und die Prozess-FMEA (Failure Mode and Effect Analysis) zum Einsatz.

2. **Anlagenkonzept:** Neben der Berücksichtigung eher traditioneller Kriterien wie z. B. Fertigungstechnik, Maschinenkapazität, Taktgeschwindigkeit und Investitionskosten müssen im Sinne der gesamten Lebenszykluskosten der Anlage insbesondere die Forderungen nach einer hohen Anlagenzuverlässigkeit, einer guten Bedien- und Instandhaltbarkeit sowie der Prozessfähigkeit erfüllt sein.

3. **Anlagenkonstruktion:** Dieser Schritt ist sehr wichtig für die Zuverlässigkeit und Prozeßfähigkeit der Anlage. Ziel dieser Konstruktionsphase ist es, den Instandhaltungs- und Ersatzteilaufwand zu minimieren und zugleich die Teilevielfalt zu reduzieren, indem - soweit möglich - Standardbauteile und vormontierte Baugruppen

verwendet werden. Dabei geht es zunächst um die grundlegende Konstruktion mit Festlegung von Bauteilen und Baugruppen und deren Überprüfung mittels Auswirkungsanalyse (FMEA).

Beim folgenden Designreview sind Anlagenzuverlässigkeit, -instandhaltbarkeit und -bedienbarkeit zu überprüfen. Bei der detaillierten Konstruktion sind dann die MP-Informationen zu berücksichtigen, um schlussendlich die gesamte Konstruktion von den betroffenen Mitarbeitern aus Produktion, Instandhaltung, technischer Abteilung und Konstruktion nochmals überprüfen zu lassen.

4. Herstellung: Hier lernen die Mitarbeiter der Produktion und Instandhaltung die neue Anlage bereits beim Hersteller kennen. Sie können bereits Erfahrungen für die spätere Produktion und Instandhaltung sammeln und noch rechtzeitig Verbesserungen der Anlage vorschlagen. Zudem findet beim Hersteller eine Vorabnahme statt, d.h., eine Testserie des herzustellenden Produkts wird erzeugt, um festzustellen, ob die Anlage die geforderte Qualität bringt.

5. Installation: Wie bereits in der vierten Phase werden die betroffenen Mitarbeiter bei der Installation intensiv mit einbezogen, so dass sie vor Produktionsbeginn bereits die Anlage gut kennen. Treten nach einem Testlauf keine Probleme auf, wird der sechste Schritt angegangen.

6. Anlauf: Die Anlaufzeit, also die Zeit zwischen Produktionsbeginn und einer stabilen Serienfertigung, sollte möglichst gering sein. Die Anlaufphase bietet die letzte Möglichkeit, Fehler noch vor dem Start der Serienproduktion zu erkennen. Hierzu wird die Anlage auch kurzzeitig überbelastet. Darüber hinaus werden in diesem Schritt die Standards für Bedienung, Rüsten und Instandhaltung festgelegt. Den Abschluss findet die Anlaufphase mit der Endabnahme. Dabei führen Unternehmen und Anlagenhersteller gemeinsam einen Leistungsnachweis und eine Prozessfähigkeitsuntersuchung durch.

7. Betrieb: In diesem letzten Schritt erfolgt eine permanente Rückmeldung von Informationen, Erfahrungen und nach Produktionsstart realisierten Verbesserungen an die Anlagenplanung und Konstruktion. Dadurch wird eine kontinuierliche Anlagenverbesserung erzielt.

Die nachfolgende Abbildung 20 zeigt beispielhaft die beiden Anlaufkurven von Füllanlagen der ersten und zweiten Generation. Wie man erkennen kann, ist die zweite Anlaufkurve deutlich kürzer und steiler als die erste Anlaufkurve. Dies wurde erreicht durch die konsequente Nutzung von **MP-Informationen**, die aus dem Füllprozess der ersten Generation stammten.

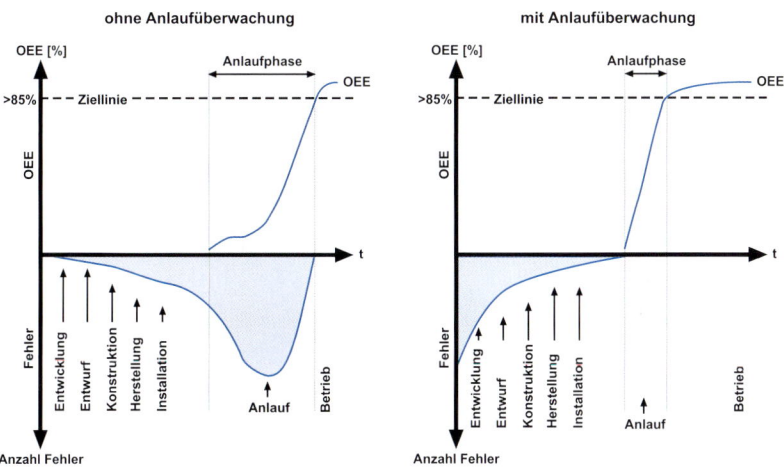

Abb. 20: Anlaufkurven zweier Fülllinien ohne und mit Anlaufmanagement

Darüber hinaus verdeutlicht die Abbildung, dass mit Anlaufüberwachung mögliche Fehler schon in der Entwicklungs- und Entwurfsphase aufgedeckt werden und so während der Anlaufphase kaum noch Fehler behoben werden müssen.

Die erfolgreiche Umsetzung der sieben Stufen des Anlaufmanagements hängt entscheidend ab von

- leistungsfähigen, bereichsübergreifenden Teams,

- einem systematischen Vorgehen und

- einem effizienten Informationsfluss, insbesondere zwischen den Abteilungen Konstruktion, Produktion und Instandhaltung.

3.2 Qualitätserhaltung

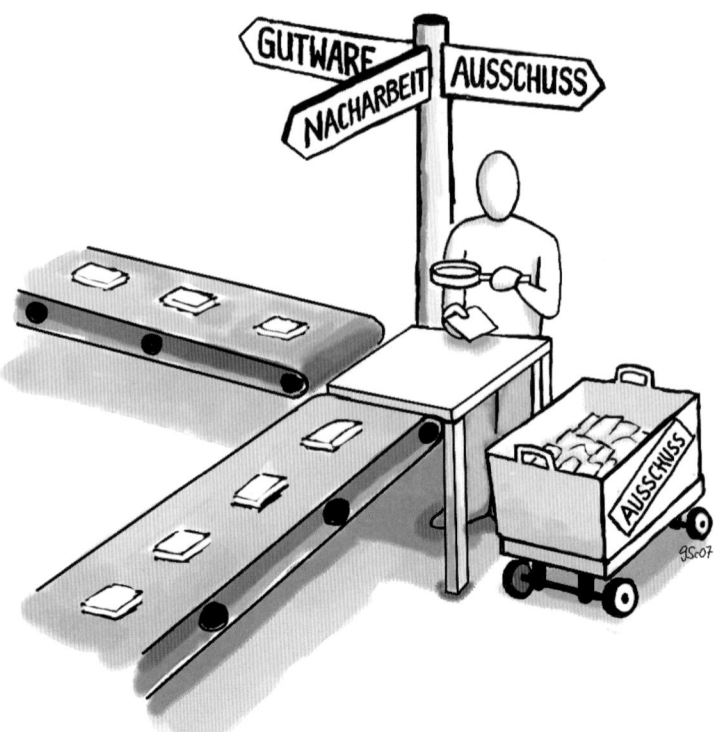

Der Baustein Qualitätserhaltung wurde anfangs **Qualitätsinstandhaltung** genannt. Dies war jedoch etwas irreführend. Der Begriff wurde aus dem englischen Begriff „Quality Maintenance" abgeleitet.

Es geht hier aber nicht um eine qualitativ hochwertige, hochentwickelte Instandhaltung, sondern um Maßnahmen zur Erhaltung (to maintain: im Sinne von erhalten oder bewahren) und Steigerung der Produktqualität und der Prozesssicherheit mit dem Ziel der **Eliminierung aller Verluste durch mangelnde Qualität**.

Insofern hat dieser Baustein eine sehr enge Verbindung zu dem Baustein Anlaufmanagement. Qualitätserhaltung beinhaltet nicht nur die Qualitätssicherung, sondern umfasst auch die funktionsübergreifende Zusammenarbeit der Qualitätssicherung mit der Produktion, der Entwicklung und der Instandhaltung.

Dabei werden alle Werkzeuge angewandt, die dem Ziel konsistenter Produkt- und Prozessqualität dienen und darüber hinaus den ständigen Verbesserungsprozess vorantreiben. Zu den Werkzeugen gehören in diesem Zusammenhang auch die zahlreichen statistischen Werkzeuge (z. B. Prozessfähigkeitsuntersuchung), die häufig fälschlicherweise dem Six Sigma-Ansatz zugeschrieben werden.

 **Hinweis** Zum besseren Verständlichkeit des Bausteins Qualitätserhaltung soll folgendes Beispiel dienen: Eine japanische Brauerei hatte nach dem Anlauf einer neuen Fabrik folgende Probleme mit dem gebrauten Bier:

- Die Schaumstabilität war nicht konsistent
- Die Farbe des Bieres schwankte
- Der Kohlendioxyd-Gehalt war nicht gleichmäßig
- Der Geschmack schwankte

Mitarbeiter der Produktion, der Entwicklung, der Instandhaltung und der Qualitätskontrolle starteten nun ein Qualitätserhaltungsprojekt zur Lösung dieser signifikanten Probleme. Jeder einzelne Prozessschritt wurde ganz genau festgehalten, analysiert und untersucht. Es wurde klar festgelegt, was jeder einzelne Prozessschritt in Bezug auf das Produkt leisten sollte. Alle zugehörigen Parameter wurden festgehalten und jeder Prozessschritt wurde standardisiert. Alle Beteiligten sorgten dafür, dass der gesamte Prozess nun „poka-yoke" ablief, d.h. dass die erforderliche Produktqualität „narrensicher" erreicht wurde. Das gesamte Projekt lief über einen Zeitraum von ca. 2 Jahren.

Im Einzelnen hat die Qualitätserhaltung folgende Aktionsinhalte:

- Festsetzung von Qualitätsstandards
- Einrichtung von Systemen zur frühzeitigen Defekt- und Fehlererkennung
- Systematische Trendanalysen
- Einführung von Systemen zur Defekt- und Fehlervermeidung
- Systematische Analyse von Verbesserungsansätzen
- Einführung einer Qualitätsmanagement-Matrix
- Einrichtung von sogenannten „Null-Fehler-Linien"
- Verfolgung des Poka-Yoke-Prinzips („narrensichere" Anlagen)

Das wichtigste Werkzeug der Qualitätserhaltung ist die **8er-Methode** (auch 8er-Strategie genannt) in Verbindung mit der Qualitätsmanagementmatrix. Die 8er-Methode erhielt ihren Namen dadurch, dass sie in zwei Bearbeitungskreisen abläuft, die wie eine liegende Acht aussehen. Erfolge zeigt die 8er-Methode insbesondere bei der Beseitigung chronischer Verluste. Hierzu kombiniert sie die Standardisierung mit der zielgerichteten kontinuierlichen Verbesserung und ist eng integriert mit den anderen TPM-Bausteinen. Die folgende Abbildung 21 zeigt den grundlegenden Ablauf der 8er-Methode.

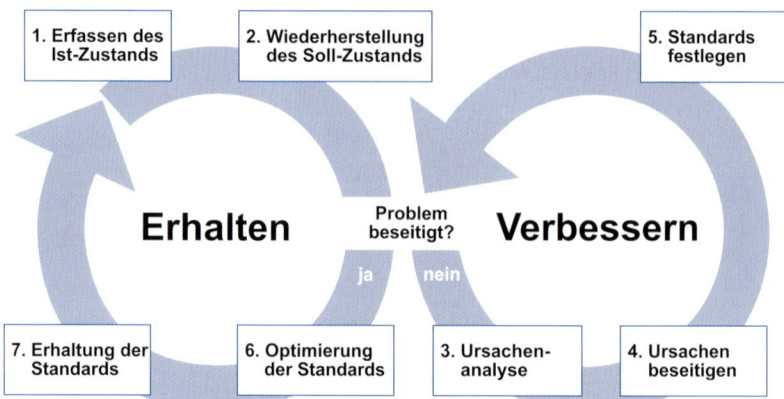

Abb. 21: Die 8er - Methode

Zur Durchführung dieser Methode wird zunächst der linke Kreis der Zustandsaufrechterhaltung durchlaufen. Zeigt sich dort ein Mangel, muss in den rechten Kreis der Verbesserung gewechselt werden. Ist nun der Mangel behoben, kann wieder zurück in den Kreis der Zustandsaufrechterhaltung gesprungen werden. Die sieben Schritte der 8er-Methode werden so oft durchlaufen, bis auch der letzte Mangel behoben ist, daher kann man die liegende Acht auch als mathematisches Symbol für „unendlich" interpretieren. In den einzelnen Schritten der 8er-Methode sind folgende Aktivitäten auszuführen (vgl. Nakajima 2006, o.S.):

1. Schritt: Untersuchung der Qualitätssituation mit Zahlen, Daten, Fakten (ZDF), z. B. Qualitätskosten, Fehlerarten, Reklamationen. Mit Hilfe der Qualitätsmanagement-Matrix (QM-Matrix) werden die Grundbedingungen des Prozesses definiert.

2. Schritt: Wiederherstellung des Soll-Zustandes und Überprüfung des Ergebnisses mit Hilfe der QM-Matrix. Ist das Problem beseitigt, wird zu Schritt 6 übergegangen. Ist das Problem nicht beseitigt, folgt der Verbesserungszyklus mit Schritt 3.

3. Schritt: Bei der Ursachenanalyse kommen die bekannten systematischen TPM-Werkzeuge wie z. B. die 5W-Analyse zum Einsatz. Aufgrund der gefundenen Ursachen werden gegebenenfalls Standards angepasst.

4. Schritt: Die Problemursachen werden behoben und die Ergebnisse überprüft.

5. Schritt: Die QM-Matrix und weitere Standards werden in überarbeiteter Fassung mit den gefundenen Verbesserungen festgelegt und es geht im Erhaltungszyklus mit Schritt 6 weiter.

6. Schritt: Bei der Optimierung der Standards wird versucht, die Anzahl der Standards zu reduzieren, die Intervalle zu verlängern und somit die Häufigkeit der Standardüberprüfung zu minimieren.

7. Schritt: Hier werden die Standards über Trendanalysen überwacht und gegebenenfalls angepasst.

Ein Beispiel für die 8er-Methode aus der Lebensmittelindustrie zeigt Abbildung 22.

Abb. 22. Beispiel für die 8er – Methode aus der Lebensmittelindustrie

In den sieben Schritten der 8er-Methode wird die Bedeutung der **QM-Matrix** deutlich. In ihr werden alle Prozessschritte mit ihren Qualitätsanforderungen und deren mögliche Fehler und Defekte aufgeführt. Mit der Qualitätsmatrix sollen mehrere Ziele erreicht werden. Zum einen soll sie bewirken, dass alle Produkte und Prozesse standardisiert ablaufen. Zum anderen hat sie Null-Fehler zum Ziel.

Zur Erstellung einer QM-Matrix müssen möglichst exakt und vollständig alle Vorgänge und Tätigkeiten eines Prozesses festgehalten werden. Die Ergebnisse werden in einzelne Bestandteile zerlegt und gegliedert. Daraufhin werden die möglichen Fehler und Defekte der einzelnen Tätigkeiten ermittelt und analysiert. Abschließend wird alles in übersichtlicher und systematisierter Form in einer Matrix festgehalten. Hier kann nun eine Begutachtung aller Fehler und Defekte durchgeführt werden. Diese werden dann anhand ihrer negativen Auswirkungen gewichtet. Abbildung 23 zeigt beispielhaft eine QM-Matrix.

3.3 TPM in administrativen Bereichen

Der Baustein TPM in administrativen Bereichen wird häufig auch Office-TPM genannt. Er beinhaltet die Anwendung von TPM-Werkzeugen auf nichtproduzierende Bereiche. Der Baustein hat im Wesentlichen die folgenden Aktionsinhalte:

- Umfassende Verlustanalyse und Verlustbeseitigung in den administrativen Bereichen

- Durchführung von 5S-Aktionen

- Einführung eines umfassenden Zeitmanagements

- Verbesserung der Sitzungskultur/Meetingkultur

QM-Matrix

Produktbezeichnung	Ollodollo	erstellt durch	Fritz Müller
Prozessbezeichnung	Abfüllung	Erstellungsdatum (Revisionsdatum)	05.02.2007

* Qualitätserhaltungsniveau
- A: Anlage erkennt Qualitätsproblem im voraus und stoppt Fertigung
- B: Prozessdefekte werden von der Anlage erkannt und behandelt
- C: Anlage erkennt Prozessdefekt, wird von Mensch behandelt
- D: Erkennung und Behandlung durch den Menschen
- E: unkontrolliert

** Bewertungsniveau
- 🔴 hohe Priorität
- ◀ mittlere Priorität
- 🟩 niedrige Priorität

Revisionsintervall

Anlage Tätigkeit Material	Überwachungspunkte		Testmethode	Inspektions-abstand	Qualitätseigenschaften (Norm)			Qualitäts-erhaltungs-niveau (*)	Prüfer Verant-wortlicher	Bewer-tungs-niveau (**)	Auf Einhaltung überprüft	Funktions-beschreibung Nr.
	Kriteria	Defektart			"−"	Soll	"+"					
Verschließerköpfe	Gängigkeit	Greifenklauen Klemmen	Drücken	Umbau	0	leicht	0	D	Schloßer	🔴	+	2
Verschließerköpfe	Gängigkeit	Greifenklauen Klemmen	Sichtprüfung	Umbau	0	ca. 2 mm	0	D	Schloßer	◀	+	2
Zentrierklauen	Flasche zentriert	Stopfen verkantet aufgesetzt	Prüfstopfen	Umbau	0	zentriert	0	D	Schloßer	🔴	+	4
Seitenführung	Flasche zentriert	Stopfen verkantet	Sichtprüfung	Umbau	0	zentriert	0	D	Operator	🔴	+	3

Abb. 23: Beispiel einer QM-Matrix

- Analyse und Verbesserung der wichtigsten Geschäftsprozesse in Produktion, Einkauf, Logistik, Personal, IT/DV, Planung, Controlling, usw.

- Aktive Beteiligung der Führungskräfte an Verbesserungsaktivitäten im Fertigungsbereich

- Visualisierung der Kennzahlen (Ziele/Ergebnisse)

Auch in diesem Baustein hat sich das schrittweise Vorgehen bewährt. Dabei werden die folgenden **sieben Stufen** unterschieden (vgl. Leikep/Bieber 2004, S. 21 ff.):

1. Schaffen einer guten Ausgangssituation durch Selbstorganisation:
Dabei sollen Freiräume für die Mitarbeiter geschaffen werden, die sie für die weiteren Verbesserungsaktivitäten benötigen. Zunächst muss das Verlustbewusstsein geschult werden. Dafür hat sich die Durchführung einer 5S-Aktion (vgl. Kapitel 4.8) bewährt. Nach deren Abschluss sollten mit Terminen versehene Ziele im Team festgelegt werden. Diese und jede der folgenden Stufen sollte mit einem Audit überprüft werden (vgl. Kapitel 8.7). Ein Vorher-Nachher-Beispiel für eine 5S-Aktion an einem Schreibtisch ist in Abbildung 24 zu sehen.

Praxis-Tipp  TPM in den administrativen Bereichen stößt zu Beginn auf noch mehr Skepsis als in der Produktion. Besonders verbreitet ist die Wahrnehmung „TPM ist Aufräumen und Wegwerfen". Dies wird durch den Beginn des Programms mit einer 5S-Aktion unter Umständen noch

Abb. 24: Vorher-Nachher-Bild einer 5S-Aktion an einem Schreibtisch

verstärkt. Deshalb sollte zu Beginn der Aktivitäten immer eine kurze Schulung stattfinden, in der das Gesamtkonzept erläutert wird. Es hat sich sehr bewährt, unmittelbar im Anschluss an diese Schulung eine Abfrage über Verbesserungspotenziale durchzuführen. Wenn dann auch einige weiterführende Maßnahmen festgelegt werden können, entsteht ein deutlich umfassenderes Verständnis für den geplanten Prozess. Ebenso bewährt hat sich, während der 5S-Aktion selbst eine Fläche oder einen Raum festzulegen, wo alles deponiert wird, von dem nicht unmittelbar eindeutig geklärt werden kann, ob es noch benötigt wird. Es wird dann eine angemessene Frist festgelegt, nach der die Dinge entsorgt werden, wenn kein weiterer Bedarf angemeldet worden ist. Auch bewährt hat sich eine Tauschbörse für noch verwendbare Artikel. Das hilft sehr, den „Trennungsschmerz" zu überwinden, vor allem, wenn nach einer Sperrfrist die Artikel den Mitarbeitern privat zur Verfügung stehen.

2. Verbesserung der Zusammenarbeit:
Dies soll durch einheitliche Regeln und Standards, wie z. B. Ablagestandards, Besprechungsstandards und Ablaufstandards erreicht werden. Die folgende Abbildung 25 zeigt einen schönen Ablagestandard für Ordner, bei dem fehlende Ordner sofort deutlich werden.

Abb. 25: Ablagestandard für Aktenordner

Praxis-Tipp    Im Zeitalter fortschreitender elektronischer Ablagestrukturen sollten natürlich auch diese entsprechend organisiert werden. Namenskonventionen für Dateien, standardisierte Ablagestrukturen und die Beherrschung der Suchfunktionen sind häufig wesentlich wichtiger als ausschließlich die Papierwelt zu perfektionieren.

3. Einsparung durch Prozessverbesserung:
Die durch die Eliminierung von Verlusten in Stufe 1 und 2 realisierte Produktivitätssteigerung und dadurch gewonnen Zeit wird zur

Optimierung der Geschäftsabläufe verwendet. Dabei haben sich als Werkzeug Prozessmapping (vgl. Glahn 2007), Wertstromdesign (vgl. Wiegang/Franck 2006, S. 67 ff.) und insbesondere Makigami (vgl. Kapitel 4.7) bewährt.

Praxis-Tipp  Hier liegt die eigentlich „Schatzkiste" von TPM in administrativen Bereichen. Viele Unternehmen verwenden zuviel Energie auf Ordnung und Sauberkeit im Büro, was zum Nachlassen der Motivation bei den beteiligten Mitarbeitern führt. Viele Mitarbeiter reagieren empfindlich, wenn man sie zwingt auf den zweiten und dritten Kugelschreiber und den eigenen Locher zu verzichten. Das Geheimnis für den Erfolg in diesem Schritt liegt in der Sensibilisierung und Einbeziehung der Mitarbeiter bei der Beseitigung von nicht Wert schöpfenden Tätigkeiten. Eine klassische Geschäftsprozessoptimierung erreicht dieses Ziel in der Regel nicht.

4. Erhaltung des erreichten Zustands durch weitere Optimierung im Team:

In dieser Stufe kommt der Visualisierung von Kennzahlen und Zielen eine besondere Bedeutung zu. Diese werden an Teamtafeln dargestellt, so dass jeder im Team sofort einen Überblick über den aktuellen Status der Verbesserungsmaßnahmen hat und Trends sichtbar werden.

5. Volle Verantwortung für flexibles Arbeiten im Team:

Diese Stufe soll die Ressourcennutzung optimieren. Es wird ein neues Raum- und Mobilitätskonzept erarbeitet. Wenn die Arbeitsplätze nicht voll ausgelastet sind, kann beispielsweise über mobile Arbeitsplätze mit individuellen Unterlagen in einem Rollcontainer oder sogar über eine räumliche Verlagerung der Arbeitsplätze nach Hause nachgedacht werden. Ein weiterer Entwicklungsschritt wäre es, die Arbeitsplätze nicht mehr personengebunden, sondern aufgabengebunden in der Reihenfolge der Arbeitsschritte anzuordnen. Ein derartiger, wie eine Fließfertigung strukturierter Arbeitsablauf, wird wesentlich transparenter und damit leichter zu steuern. Die folgende Abbildung 26 zeigt eine solche Anordnung für die Lohnbuchhaltung bei dem japanischen Unternehmen Fujico. Jeder der Mitarbeiter der Abteilung ist in der Lage, sich an einen beliebigen Arbeitsplatz zu setzen und die dort anstehenden Aufgaben zu erledigen.

6. Prozessbeherrschung durch „Best-in-Class":

Wenn der interne Ideenpool zunächst erschöpft scheint, sollte man durch gezieltes Benchmarking seiner Prozesse mit Weltklasse-Unternehmen (möglichst aus anderen Kulturen und Branchen) weitere Verbesserungspotentiale erschließen. Ein besonderes Augenmerk ist hier auch darauf zu legen, die Prozesssicherheit bei Veränderungen zu garantieren, sowohl bei Veränderungen der Prozesse selbst als auch bei im Prozess beteiligten Personen.

7. Volle Anwendung im gesamten Unternehmen und darüber hinaus in unternehmensübergreifenden Prozessen:

Die internen administrativen Abläufe werden in dieser Stufe vollständig beherrscht. Da Geschäftsabläufe aber sehr häufig nicht an den eigenen Unternehmensgrenzen enden, sollten Lieferanten und Kunden spätestens in diesem Schritt in die Verbesserungsaktivitäten eingebunden werden. So wird in der gesamten Logistikkette ein kontinuierlicher Verbesserungsprozess realisiert.

Abb. 26: Anordnung der Büroarbeitsplätze nach dem Prozessfluss

3.4 Arbeitssicherheit, Gesundheits- und Umweltschutz

Der TPM-Baustein Arbeitssicherheit, Gesundheits- und Umweltschutz wird bei TPM-Einführungen häufig vernachlässigt, obwohl es in diesem Bereich erhebliche Verluste gibt. Die Aktivitäten setzen bei den gesetzlichen Vorschriften an, gehen aber deutlich darüber hinaus und bedienen sich spezieller TPM-Werkzeuge. So werden Lücken aufgespürt, die nicht vom gesetzlichen Regelwerk abgedeckt werden. Das Handlungsfeld dieses TPM-Bausteins ist sehr komplex. Es umfasst

- die Analyse der potenziellen Gefahren für Unfälle und Gesundheitsgefährdung

- das Erstellen von Katastern für Lärmquellen, Arbeitsplatz- und Umweltbelastungen von Abluft, Abgas oder sonstige Imissionen und Emissionen

- die Analyse der Gesundheitssituation der Mitarbeiter und der häufigsten Beeinträchtigungen

- Verhaltens- und Tätigkeitsbeobachtung durch die Führungskräfte

- Realisierung von Aktionsprogrammen zur Sensibilisierung aller Mitarbeiter (insbesondere aber der Führungskräfte) gegenüber Gefahrensituationen und Gefährdung

- die Einbeziehung der örtlichen Feuerwehr, der Polizei, der Rettungsdienste, des Betriebsarztes, des Umweltamtes, der Krankenkassen usw. in die betriebliche Vorsorgeplanung zur Abwendung und Bekämpfung jeglicher Gefährdungen oder Vorfälle

- die Einführung von Programmen zur Verbesserung der Gesundheitssituation aller Mitarbeiter

- die Einführung von Programmen zur Vermeidung jeglicher Unfälle

- die Einführung von Programmen zur Betreuung von Abwesenden wegen Krankheit oder Unfall

- regelmäßige Rundgänge und Audits zur Überprüfung und Verbesserung der betrieblichen Situation in Bezug auf Arbeitssicherheit, Gesundheits- und Umweltschutz

- regelmäßige und beständige Visualisierung der Ziele und der Ist-Situation sowie

- regelmäßige Berichterstattung durch die Führungskräfte

3.4.1 Arbeitssicherheit

Bezüglich der Arbeitssicherheit wird bei TPM von der grundsätzlichen Annahme ausgegangen, dass jeder Unfall vermeidbar ist. Ziel ist also **Null-Unfälle**. Um dieses hochgesteckte Ziel zu erreichen, muss eine sehr genaue Analyse aller vorhandenen und potenziellen Unfallquellen durchgeführt werden. Auch die vermeintlich unbedeutendsten Unfallquellen sollten wegen des „**Heinrichschen Gesetzes**" beachtet werden. Heinrichs Gesetz erklärt den statistischen Zusammenhang zwischen Bagatell-Vorfällen und Katastrophen: 300 Beinahe-Unfälle (oder „leichte Fehler" oder „kleine Verluste") bilden die statistische Grundlage für 29 mittelschwere Vorkommnisse (oder „sichtbare / spürbare Fehler" oder „deutliche kostenwirksame Verluste"), und diese wiederum sind die statistische Basis für einen Desaster-Fall, z. B. mit Todesfolge (oder „schwerer Fehler" oder „massive ungeplante Verluste").
Mittelschwere Unfälle beispielsweise deuten sich also durch eine Vielzahl von Bagatell-Vorfällen (also den häufig tolerierten oder als unvermeidbar angesehenen kleinen „Unfällen") an. Schwere Unfälle

entstehen nicht aufgrund nur einer Tatsache, sondern aufgrund eines Zusammentreffens verschiedener Probleme:
So muss zum Beispiel überhöhte Geschwindigkeit, ein Moment der Unachtsamkeit, eine rutschige Fahrbahn und die Anwesenheit eines weiteren Verkehrsteilnehmers zusammentreffen um einen tödlichen Unfall zu provozieren. Das Fehlen jeder einzelnen Tatsache hätte das Schlimmste verhindert, das Fehlen von zwei sogar den ganzen Unfall. Und wie viele gefährdende Tatsachen zusammentreffen, ist zufällig verteilt, und damit statistisch gesehen konstant.

Die einzige Möglichkeit, die Schwere der Probleme zu senken, besteht darin, die Auftretenswahrscheinlichkeit der Einzelursachen zu senken, oder anders formuliert, die Vielzahl an kleinen Problemen zu beseitigen. Die folgende Abbildung 27 verdeutlicht diesen Sachverhalt nochmals.

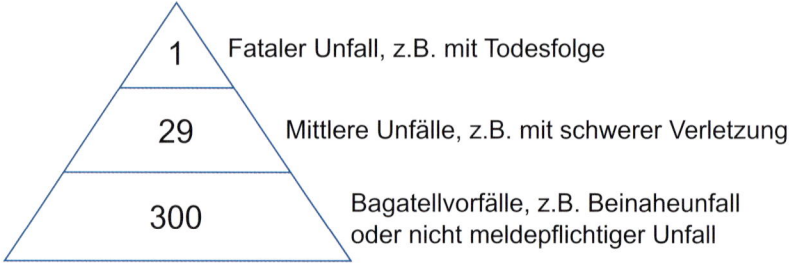

Abb. 27: Arbeitsicherheitspyramide

Durch den Gesetzgeber sind die Unternehmen verpflichtet, bei Unfällen eine Arbeitsplatz-Gefährdungsanalyse durchzuführen. Da die gesetzlichen Regelungen immer weiter in Empfehlungen übergehen und somit die Beweislast allein beim Unternehmen liegt, wird es für die Firmen immer wichtiger, alle Vorfälle genau zu dokumentieren, um im Falle eines Unfalls die gesetzlich geforderte Sorgfalt belegen zu können. Die Erfassung der Unfälle erfolgt mittels standardisierter Fragebögen, die den Unfall kategorisieren, eine detaillierte Unfallhergangsbeschreibung und eine Analyse des Unfallhergangs enthalten. Aufgrund dieser Datenbasis werden Auswertungen vorgenommen, die die Häufung von Unfällen darstellen können. Die Pareto-Analyse ermöglicht die Visualisierung der Bereiche, in denen verstärkt Ursachen für Unfälle vorliegen. Hierauf werden Schwerpunkte festgelegt, die Ursachen analysiert und entsprechende Maßnahmen eingeleitet, um diese Vorfälle systematisch zu reduzieren. Bei der Ursachenanalyse und Maßnahmenfindung bedient man sich der TPM-Werkzeuge wie z. B. der N5W-Analyse oder des Fischgrät-Diagramms.

Um dem Ziel Null-Unfälle möglichst nahe zu kommen, ist es zudem wichtig, auch die Ursachen für „Erste-Hilfe"-Unfälle und Beinahe-Unfälle zu erforschen und zu beheben. Dazu sollten die Mitarbeiter angehalten werden, alle solche Vorkommnisse zu erfassen, um eine möglichst ganzheitliche Datenbasis zu bekommen. Des Weiteren sollten die Mitarbeiter durch entsprechende Arbeitssicherheitsschulungen für Gefahren am Arbeitsplatz sensibilisiert werden und die Fähigkeit erlangen, diese selbstständig zu erkennen und somit zur Gefahrenbeseitigung beizutragen.

Hinweis An dieser Stelle sei noch einmal darauf hingewiesen, dass das Ziel Null-Unfälle nur erreicht werden kann, wenn es gelingt, die Führungskräfte so zu sensibilisieren, dass sie Unfallsicherheit ihrer Mitarbeiter in ihrem Bereich als eine der Facetten der Führungsverantwortung begreifen. Wenn man alles getan hat, was technisch möglich ist, und was durch Sicherheitsprogramme zu erreichen ist, dann kommt man nur weiter, wenn man sicherheitsgerechtes Verhalten in die Köpfe von Mitarbeitern und besonders von Führungskräften transferiert. Firmen wie DuPont arbeiten schon jahrelang ohne einen einzigen Unfall, einige schon seit mehr als 30 Jahren! Dies ist nur möglich geworden, weil Sicherheit hier eine ganz klare Führungsverantwortung ist. Führungskräfte können in diesem Unternehmen nur Karriere machen, wenn in ihren Bereichen unfallfrei gearbeitet wird.

Hinweis Zur generellen Entwicklung von Unfallzahlen: Bei der Reduzierung von Unfällen sind zunächst gute Fortschritte zu erreichen, wenn technische Sicherheitsvorkehrungen aller Art getroffen werden. Eine weitere deutliche Reduzierung ist zu erreichen, wenn mit intelligenten Systemen und Sicherheitsprogrammen gearbeitet wird. Danach jedoch sinken Unfälle nur weiter, wenn es gelingt, das **Verhalten der Mitarbeiter zu verändern**. Dazu muss sozusagen „in den Köpfen" aller Mitarbeiter ein Sicherheitsbewusstsein etabliert werden. Dabei spielen die Führungskräfte als Vorbilder eine besondere Rolle.

3.4.2 Gesundheitsschutz

Der Gesundheitsschutz überschneidet sich in vielen Bereichen mit dem Arbeitsschutz. Das primäre Ziel des Gesundheitsschutzes liegt in der Vermeidung von berufsbedingten Erkrankungen. Schwerpunkt ist also die Schaffung von optimalen Arbeitsbedingungen unter gesundheitsrelevanten Aspekten, wie z. B. ergonomische, psychologische und raumklimatische Faktoren. Es zeigt sich ein enger Zusammenhang mit den Bausteinen Kompetenzmanagement, Autonome Instandhaltung und Zielgerichtete, kontinuierliche Verbesserung. Entscheidungen und Maßnahmen in diesen Bausteinen können erhebliche positive aber auch negative Auswirkungen auf den Gesundheitsschutz haben. Die Mitarbeiter sollten einbezogen und für Gesundheitsgefährdungen, wie z. B. falsche Hebetechniken, sensibilisiert werden. Ein Werk von Unilever hat beispielsweise den Mitarbeitern Arbeitsgruppen zu folgenden Themen angeboten:

- Raumklima
- Gesunde Ernährung
- Arbeitskleidung
- Freizeitgestaltung
- Teamgeist
- Beanspruchung durch Arbeit
- Arbeitsplatz – insbesondere Heben und Tragen

Aus den Ergebnissen der Arbeitsgruppen wurden folgende Maßnahmen umgesetzt und damit großer Erfolg erzielt:

- Arbeitsplatzverbesserungen
    - Stehstühle
    - Regulierung der Lüftung
    - Stehmatten
    - Bessere Stühle
    - Neue Sicherheitsschuhe

- Kursangebot
    - Lauftreff
    - Nichtraucheraktion
    - Wirbelsäulengymnastik

- Abnehmprogramm
- Stressmanagement

- Präventionsaktionen
  - Hautkrebsvorsorge
  - Impfschutzaktion
  - Venenaktion
  - Krankenkassenwoche
  - „Mit dem Rad zur Arbeit"
  - und vieles mehr.

3.4.3 „Sensible Themen"

Was hat es mit solchen Themen auf sich? Die Praxis hat gezeigt, dass die sogenannten „sensiblen Themen" einen großen Einfluss auf das Arbeitsklima, die Arbeitsmoral und die Arbeitsleistung haben. Welches sind nun solche Themen? Statistisch gesehen hat z.B. die Abwesenheitsrate eines Unternehmens hauptsächlich etwas mit Führung zu tun. Sieht man von den ganz konkreten Fällen ernsthafter Erkrankungen ab, so sind etwa 60 %-70 % der Abwesenheitsrate durch den Führungsstil im Unternehmen beeinflusst (vgl. Kapitel 5). Auf der anderen Seite hat eine hohe Abwesenheitsrate oftmals Gründe, die nicht betrieblicher Natur sind. Das sind die sogenannten „sensiblen Themen", die oftmals nicht genügend Beachtung finden oder Beachtung aus der falschen Perspektive oder Beachtung durch die falschen Personen.

Sehr häufig liegt der Hintergrund einer hohen Abwesenheitsrate im häuslichen bzw. persönlichen Bereich von Mitarbeitern. Statistisch nimmt dabei z.B. Doppelbelastung von weiblichen Mitarbeitern einen hohen Stellenwert ein. Pflege von Kindern oder älteren Verwandten, familiäre Sorgen oder Partnerschaftsprobleme können ebenfalls Gründe für Abwesenheit sein. Auch Alkoholprobleme sind statistisch gesehen oftmals der Auslöser von Abwesenheit. Im Bereich der Industrie und des Handels sind etwa 5 % der Mitarbeiter statistisch gesehen Alkoholiker. Dabei ist die Dunkelziffer wahrscheinlich wesentlich höher. Finanzielle Belastung bzw. Überbelastung ist ein weiteres Thema, das zu Abwesenheit führen kann. Im Grunde genommen sind dies alles Themen, die nicht oder nur indirekt im

Unternehmen selbst einen Auslöser haben. Fest steht jedoch, dass die meisten Mitarbeiter nur äußerst ungern über diese Themen sprechen.

Wenn man auch in diesem Bereich Fortschritte machen will, ist es erforderlich, die richtige Strategie und Vorgehensweise zu wählen. Bewährt hat sich in diesem Fall, dass ein besonderer Personenkreis sich dieser Probleme annimmt. Zu diesem Personenkreis gehören ganz selten die direkten Vorgesetzten oder höheren Führungskräfte. Diesem Personenkreis schüttet man nur in seltenen Fällen gerne das Herz aus. Es gibt jedoch durchaus Unternehmen mit einer besonderen Unternehmenskultur, in der dies funktioniert. In allen anderen Fällen hat es sich bewährt, dass der Personenkreis z.B. aus dem Betriebsrat kommt. Hat der Betriebsrat ein vertrauensvolles Verhältnis zu den Kolleginnen und Kollegen und agiert er dicht an den Menschen, dann kann aus diesem Verhältnis ein sehr positiver Einfluss auf die sensiblen Themen erwachsen. Bewährt hat sich auch, dass der Betriebsrat sich Hilfe von geeigneten Institutionen holt, die sich anbieten, auf anonymer Basis zu helfen. Dies kann finanzielle Sorgen betreffen, Partnerschaftsprobleme, Hilfe bei der Pflege von Angehörigen oder auch bei Alkoholproblemen. Die Erfahrung vieler Firmen hat auch gezeigt, dass Hilfe dieser Art oftmals gerne angenommen wird, wenn Anonymität gewahrt ist und diese Dinge nicht in der betrieblichen Öffentlichkeit breitgetreten werden.
Daher ist es angebracht, wenn Führungskräfte zwar diese Aktivitäten auslösen und ermöglichen, sich selber aber aus der direkten Behandlung heraushalten.

3.4.4 Umweltschutz

Das Handlungsfeld Umweltschutz ist in Deutschland durch sehr umfangreiche Gesetze und Verordnungen geregelt und erfolgt auf vergleichsweise hohem Niveau. Eine konsequente Verlustreduzierung (wie z. B. Energieverschwendung) und Zielverfolgung findet in vielen Unternehmen allerdings nicht statt. Hier helfen wieder TPM-Ansätze, um umweltrelevante Verluste zu eliminieren, wie z. B. das strukturierte Vorgehen zur Ursachenanalyse, die Visualisierung und die Einbeziehung aller Mitarbeiter.

Wichtig ist bei diesem Thema, dass das Unternehmen eng mit den zuständigen Behörden und Institutionen zusammenarbeitet. Um dies voranzubringen haben sich in der Praxis sehr häufig Übungen im Bereich Umweltschutz bewährt. Eine abgesprochene „**Katastrophenübung**" mit allen relevanten Bereichen kann einen großen Lerneffekt für alle Seiten bedeuten.

Simuliert werden kann beispielsweise ein größerer Unfall in dem Unternehmen, bei dem sowohl chemische Materialien eine Rolle spielen, als auch Feuer und Explosion mit vielen Verletzten. Der Lerneffekt bei allen Beteiligten ist meist erheblich.

3.5 Ihr Lernerfolg aus diesem Kapitel

- Das Anlaufmanagement dient der frühzeitigen, bereichsübergreifenden Planung von neuen Produkten, Prozessen und Anlagen mit dem Ziel kurzer Anlaufzeiten. Dies erreicht das Anlaufmanagement, indem beispielsweise bei der Anlagenneubeschaffung bereits in der Planungsphase auf die Instandhaltbarkeit, Zugänglichkeit und Bedienungsfreundlichkeit der neuen Anlage geachtet wird. Fehler sollen möglichst frühzeitig erkannt werden. Auch in diesem Baustein gibt es ein empfohlenes, schrittweises Vorgehen.

- Bei der Qualitätserhaltung geht es um Maßnahmen zur Erhaltung und Steigerung der Produktqualität, mit dem Ziel der Eliminierung aller Verluste durch mangelnde Qualität. Wichtigstes Werkzeug der Qualitätserhaltung ist die 8er-Methode (auch 8er-Strategie genannt) in Verbindung mit der Qualitätsmanagementmatrix (QM-Matrix). Die 8er-Methode erhielt ihren Namen dadurch, dass sie in zwei Bearbeitungskreisen abläuft, die wie eine liegende Acht aussehen. In einer QM-Matrix werden möglichst exakt und vollständig alle Vorgänge und Tätigkeiten eines Prozesses und deren Parameter und Fehlermöglichkeiten festgehalten.

- Der Baustein „TPM in administrativen Bereichen" umfasst die Anwendung von TPM-Werkzeugen auf nichtproduzierende Bereiche. Ziel ist die umfassende Verlustanalyse und Verlustbeseitigung in den administrativen Bereichen. Wichtigste Werkzeuge dabei sind 5S-Aktionen und die Analyse und Optimierung der Geschäftsprozesse mit Makigami.

- Arbeitssicherheit, Gesundheits- und Umweltschutz gehen über die gesetzlichen Vorschriften hinaus und versuchen in diesem Bereich Verluste zu eliminieren. Der wichtigste Aspekt bei dem Bemühen, Verbesserungen zu erzielen, ist die Verantwortung für Arbeitssicherheit, Gesundheits- und Umweltschutz als einen Teil der Führungsverantwortung zu etablieren.

- Im Bereich Arbeitssicherheit und Gesundheitsschutz gibt es die sogenannten „Sensiblen Themen" zu beachten. Eine Unterstützung und Hilfe für die Mitarbeiter in diesem Bereich kann zu reduzierten Abwesenheiten führen. Es hat sich als hilfreich erwiesen, wenn sich mit diesen Themen nicht die direkten Vorgesetzten beschäftigen, sondern beispielsweise vertrauenswürdige Mitglieder aus dem Betriebsrat.

3.6 Übungsaufgaben zu diesem Kapitel

Aufgabe 1
Was verbirgt sich hinter der 8er-Methode?

Aufgabe 2
Von welchen Faktoren hängt die erfolgreiche Implementierung des TPM-Bausteins Anlaufmanagement ab?

Aufgabe 3
Was ist in hohem Maße die Ursache für Probleme, die während der Inbetriebnahme oder nach dem Anlauf entstehen?

Aufgabe 4
TPM in administrativen Bereichen wird häufig mit 5S-Aktionen im Büro in Verbindung gebracht. Ist das korrekt?

Aufgabe 5
Welcher ist der Hauptaspekt, um nachhaltige Fortschritte bei Arbeitssicherheit, Gesundheits-, und Umweltschutz zu erreichen?

Aufgabe 6
Wie und von wem sollten die sogenannten „Sensiblen Themen" behandelt werden?

4. Die wichtigsten TPM-Werkzeuge

4.1 Übersicht

Jedes Verbesserungsprogramm bedient sich bestimmter Werkzeuge in der Analyse, in der Umsetzung und im ständigen Verbesserungsprozess. So ist es sicher keine Überraschung, dass auch TPM solche Werkzeuge braucht und verwendet. Überraschend ist jedoch vielleicht, dass im Grunde genommen die meisten dieser Werkzeuge seit langer Zeit bekannt sind.

Neu ist vielleicht dennoch, dass unter TPM diese Werkzeuge strukturiert dort angewendet werden, wo sie dem ständigen und nachhaltigen Verbesserungsprozess am besten dienen. Neu ist vielleicht auch, und in den Auswirkungen sehr effektiv, dass diese Werkzeuge ganz gezielt allen Mitarbeitern vermittelt werden, und zwar nicht nach dem „Gießkannenprinzip", sondern so, wie sie gebraucht und angewendet werden können. Auch hier gilt das Prinzip der Vermeidung von Verlusten.

Nachfolgend eine Auflistung der **wichtigsten TPM-Werkzeuge:**

- 5W-Analyse
- 5W1H-Analyse
- N5W-Analyse
- Paretodiagramm
- Fischgrätdiagramm
- 5S (5A) – Kampagne
- Taktzeitdiagramm
- ECRS – Analyse
- 8er – Methode
- QM – Matrix
- Makigami
- PM – Analyse
- Verlustkostenbaum

Diese Übersicht nennt die geläufigsten TPM-Werkzeuge und erhebt nicht den Anspruch auf Vollständigkeit. Jedes Unternehmen sollte situationsbezogen die passenden Werkzeuge auswählen. Die wichtigsten werden im Folgenden kurz erläutert.

4.2 5W-Analyse

Die 5W- oder 5-mal-Warum-Analyse ist eine einfache, aber äußerst wirkungsvolle Methode, um die Fehlerursache eines identifizierten Problems aufzudecken. Sie wird eingesetzt, wenn vermutlich nur eine Ursache für ein Problem verantwortlich ist. Die Aufdeckung dieser auslösenden Ursache erfolgt durch fünfmaliges Hinterfragen des

Problems mit „Warum". Genauer gesagt wird zuerst das Problem mit „Warum" hinterfragt. Die Antwort auf diese Frage bildet den Inhalt der zweiten „Warum" –Frage, die Beantwortung dieses Problems ist Grundlage für das dritte „Warum". Dieses Schema wird weitergeführt bis die Ursache des Verlustes gefunden wird. Dabei gilt: So oft wie nötig - natürlich mit Sinn und Verstand -, aber in der Regel mindestens fünf Mal, um wirklich sicher zu sein, das Übel an der Wurzel zu packen. Das folgende Beispiel zeigt den Ablauf einer 5W-Analyse am Problem „Stillstand einer Maschine" (vgl. Al-Radhi 2002, S. 26 f.):

Frage 1: Warum ist die Maschine stehen geblieben?
Antwort: Die Sicherung ist wegen Überlastung durchgebrannt.

Frage 2: Warum war die Maschine überlastet?
Antwort: Weil das Lager nicht richtig geschmiert wurde.

Frage 3: Warum wurde das Lager nicht richtig geschmiert?
Antwort: Weil die Ölpumpe nicht richtig funktioniert hat.

Frage 4: Warum funktioniert die Ölpumpe nicht richtig?
Antwort: Weil ihr Achslager schon verschlissen ist.

Frage 5: Warum ist es verschlissen?
Antwort: Weil Schmutz hineingelangt ist.

Es wurde also durch fünfmaliges Hinterfragen die wahre Ursache des Problems gefunden. Als Maßnahme würde sich in diesem Fall z. B. die Montage eines Filters an der Pumpe anbieten.

4.3 Die 5W1H-Analyse

Die 5W1H-Analyse (5xW: was, wann, wo, welches, wie/wie viel und 1xHow/Wie) dient der genauen, strukturierten Beschreibung eines Problems und liefert damit Ansätze zur Lösung des Problems. Dabei sind folgende Fragen zu stellen:

W–Was: Bei welchen Produkten / Materialien wurde das Problem erkannt?

W–Wann: Wann trat das Problem auf?

W–Wo: An welchem Teil/ Ort trat das Problem auf?

W–Wer: Hat das Problem mit Fertigkeiten zu tun?

W–Welche: Zeigt das Problem einen Trend?

H–(How/Wie): Wie ist die Abweichung gegenüber dem Normalzustand?

Ein Formular zur Durchführung einer 5W1H-Analyse findet sich in Kapitel 8.3.

4.4 Die N5W-Analyse

Es handelt sich bei der N5W-Analyse um eine aus der 5W-Analyse entwickelte Methode, mit der Phänomene untersucht und Ursachen gefunden werden können. Sie zwingt die Bearbeiter, jeder der möglichen Ursachen für ein Problem nachzugehen. Auch hier wird durch fünfmaliges Hinterfragen mit „Warum?" versucht, einem Problem auf den Grund zu gehen. Die zugehörigen Warum-Blöcke mit der entsprechenden Antwort und abgeleiteten Aktion sind **miteinander zu vernetzen**, so dass eine übersichtliche Darstellung der Zusammenhänge, die zu einem Problem führen, entsteht. Ein Formblatt für die N5W-Analyse findet sich in Kapitel 8.4.

4.5 Das Pareto-Diagramm

Das Pareto-Diagramm hilft, sich auf die Hauptprobleme zu konzentrieren, deren Beseitigung das größte Verbesserungspotenzial beinhaltet. Es beruht auf dem bewiesenen Pareto-Prinzip, dass 20% der Ursachen von Problemen 80% der daraus resultierenden Probleme verursachen.

Mit Hilfe des Pareto-Diagramms kann man auf einfache und rasche Weise die Wichtigkeit von Problemen visuell darstellen. Es bewahrt gleichzeitig davor, dass Probleme „verlagert" werden, wenn eine Lösung zwar einige Ursachen beseitigt, aber andere verschlimmern könnte. Der Fortschritt wird durch die visuelle Darstellung sichtbar gemessen und schafft somit den Anreiz für weitere Verbesserungen. Man beginnt eine Pareto-Analyse damit, dass man die Probleme und ihre Häufigkeit aufnimmt und später grafisch (visuell) darstellt. Die nachfolgenden zwei Abbildungen 28 und 29 sind Beispiele von einer Verpackungsmaschine und zeigen die Ergebnisse der Erfassung von Hauptstörquellen und deren visuelle Darstellung in einem Pareto-Diagramm.

Störungen nach Störquellen	
Anlage	**Anzahl Störungen**
Kartonmagazin	20
Sauger	41
Kartonfalter	24
Beleimung	88
Andruckstation	10
Gesamt	**183**

Abb. 28: Tabellarische Erfassung der Hauptstörquellen

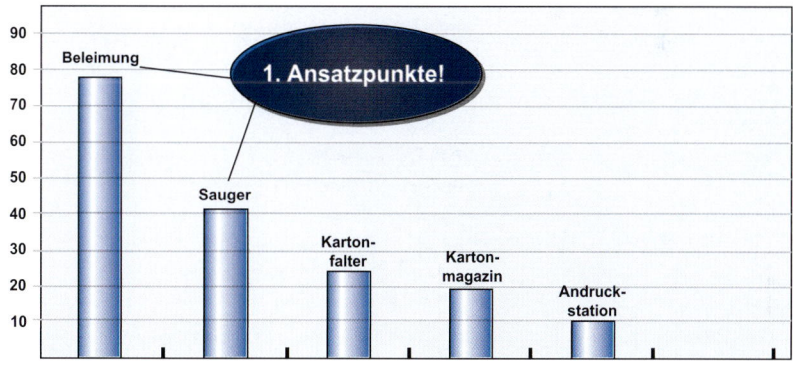

Abb. 29: Auswertung der Störungen in einem Pareto-Diagramm

Im vorgestellten Fall wird man nun zunächst das Problem der Beleimung angehen, danach in der entsprechenden Reihenfolge die anderen Probleme.

4.6 Ishikawa-Diagramm

Sind mehrere Ursachen für ein Problem denkbar, kann die 5W-Analyse mit dem nach seinem Erfinder benannten Ishikawa-Diagramm verknüpft werden. Die Methode wird auch als Ursachen-Wirkungs-Diagramm bezeichnet, da sie systematisch einen Zusammenhang zwischen allen möglichen Einflüssen (Ursachen) und einem Problem (Wirkung) herstellt. Da ein Ishikawa-Diagramm an Fischgräten erinnert (vgl. Abbildung 30), wird es auch als **Fischgrät-Diagramm** bezeichnet. In dem Diagramm sind Ursache und Wirkung durch einen Grundpfeil, der auf das Problem zielt verbunden. Das bestehende Problem, dessen Ursache gefunden werden soll, wird bei Wirkung eingetragen. Der Bereich Ursache gliedert sich in Gruppenursachen, Einzelursachen und Nebenursachen. Gruppenursachen, die direkt mit dem Grundpfeil verbunden sind, sind die **5M-Ursachenfelder** Mensch, Maschine, Mitwelt (auch Umfeld oder Milieu genannt), Methode und Material. Einzelursachen sind Ursachen der Gruppenursachen. Verdeutlicht wird dies durch die Verbindung der beiden Elemente von den Einzelursachen zu den Gruppenursachen. Nebenursachen stellen die Ursachen dieser Einzelursachen dar und sind mit einer weiteren Linie hin zu den Einzelursachen verbunden.

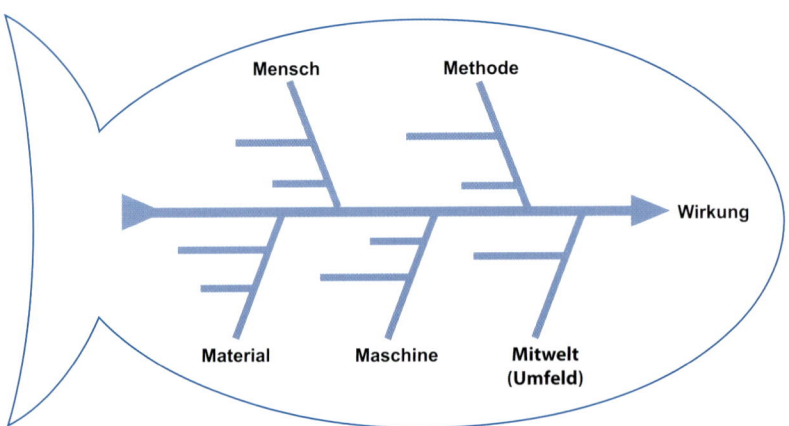

Abb. 30: Schema eines Ishikawa-Diagramms.

Beispiele für Ishikawa-Diagramme aus der Praxis finden sich in Kapitel 8.10.

4.7 Makigami

Makigami (aus dem japanischen für „Papierrolle") ist noch weitgehend unbekannt in Europa. Diese Methode wurde von Prof. Nakamura entwickelt und erstmals im Jahr 1996 im japanischen Unternehmen Fujico angewandt. Mittels Makigami werden Arbeitsabläufe in der Administration sichtbar gemacht, denn nur dann können die Abläufe effizient analysiert und optimiert werden. Danach werden nicht wertschöpfende Aktivitäten aufgedeckt und versucht, diese zu eleminieren. Mit dieser Methode wurden mittlerweile auch in Westeuropa vielfach erstaunliche Resultate bzgl. Durchlaufzeitreduzierung und Qualitätsverbesserung erzielt.

Den grundsätzlichen Aufbau einer Makigami zeigt Abbildung 31. Dabei wird zunächst der Ist-Zustand in der sogenannten Current-State-Map erfasst und dann mit der gleichen Systematik der Soll-Zustand (Future-State-Map) entwickelt.

In der Abbildung sind auch die 12 Schritte zum Aufbau einer Makigami verdeutlicht:

1. Beschreibung um welchen Prozess es sich handelt
2. Festlegen, welche Personen bzw. Abteilungen an diesem Prozess beteiligt sind
3. Jeden einzelnen Prozessschritt mit der Gruppe erarbeiten. Die benötigten Datenträger ermitteln und ankleben.
4. Die einzelnen Prozessschritte mit roten oder grünen Pfeilen verbinden.
   Rot = Hier können Fehler entstehen bzw. es fehlen Informationen
   Grün = Es entstehen keine Fehler und alle Informationen sind vorhanden.
5. Jeden Prozessschritt hinterfragen, ob er Wert schöpfend ist oder nicht. Überprüfung nach folgenden Kriterien:
   - Läuft mein Prozess dadurch besser
   - Freut sich der Kunde
   - Gibt es gesetzliche Vorschriften , die diesen Schritt erforderlich machen
6. Zeitachse eintragen (beachten: Wochenende, Zeit nach Feierabend usw. mit einrechnen)
7. Aktionszeiten (die Zeit in welcher tatsächlich eine Aktion erfolgt) ausarbeiten

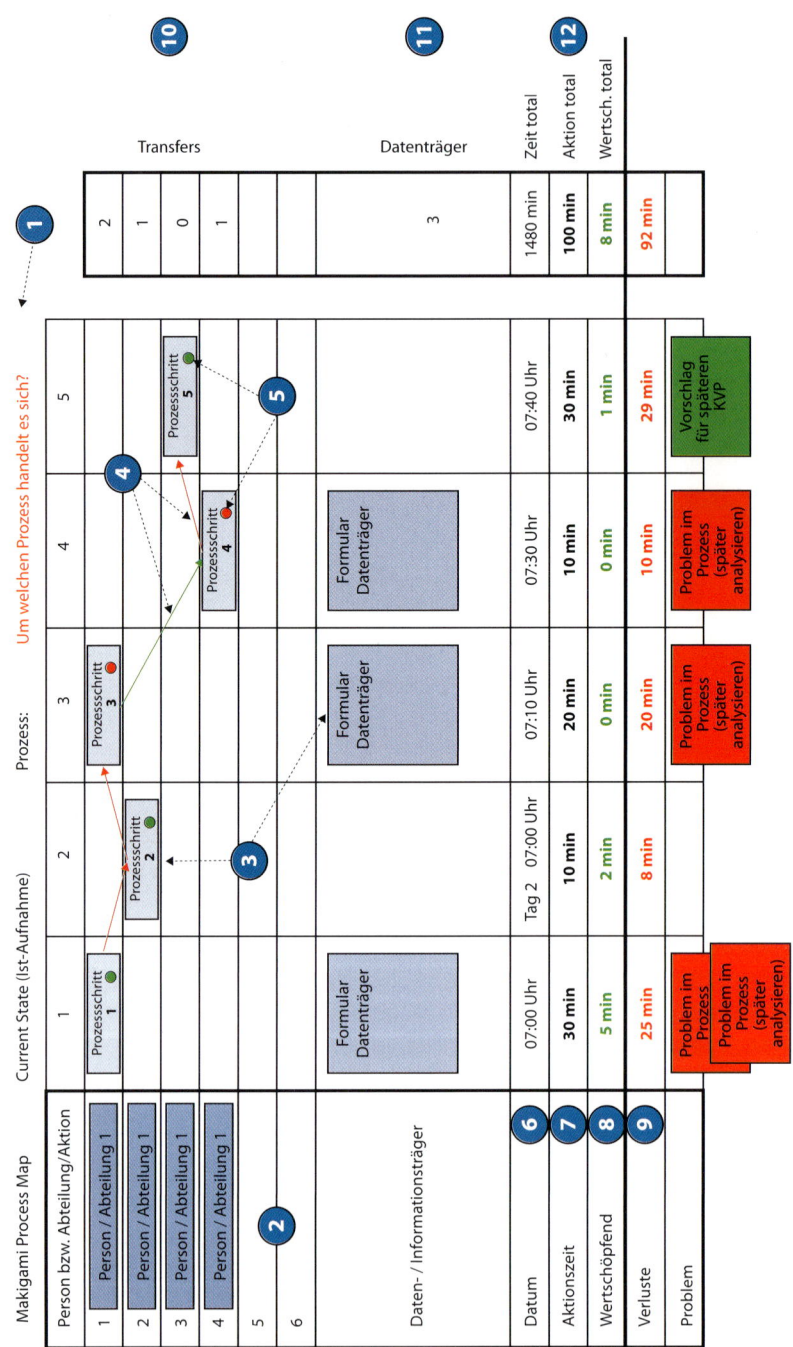

Abb. 31: Aufbau einer Makigami

8. Wert schöpfende Zeit ermitteln. Jeden Punkt noch mal durchfragen, wie viel Wert schöpfende Zeit tatsächlich enthalten ist (siehe Schritt 5)
9. Verlustzeit berechnen: Aktionszeit – Wert schöpfende Zeit
10. Transfers zählen. Ein Transfer entsteht bei Informationsweitergabe an eine andere Person/Abteilung
11. Anzahl der Datenträger ermitteln
12. Gesamtzeiten ermitteln

Makigami können Längen von vielen Metern erreichen. Ein Beispiel zeigt die folgende Abbildung 32.

Abb. 32: Beispiel für eine Makigami-Prozess-Analyse

4.8 Die 5S-Aktion

Die **5S-Aktion**, auch 5A-Aktion genannt, dient dazu, den Arbeitsplatz in fünf Schritten von Unordnung und Verlustquellen zu befreien, damit einer optimalen Wertschöpfung nichts im Wege steht. 5S ist allerdings mehr als nur Arbeitsplätze aufräumen und in einem sauberen Zustand zu halten. Mit 5S wird durch die verantwortungsvolle Einbindung der Mitarbeiter eine Geisteshaltung vermittelt, die sich positiv auf die Qualität auswirkt. Ein Beispiel für ein 5S-Auditformular findet sich in Kapitel 8.7.

Die 5S kommen aus dem Japanischen und stehen für

1) **S**eiri   (**S**ortiere aus / **A**ussortieren)

2) **S**eiton   (**S**ystematische Ordnung / **A**ufräumen)

3) **S**eiso   (**S**auber halten / **A**rbeitsplatz sauber halten)

4) **S**eiketsi   (**S**tandardisieren / **A**nordnungen zur Regel machen)

5) **S**hitsuke   (**S**elbstdisziplin und ständige Verbesserung / **A**lle Punkte einhalten und ständig verbessern)

Anhand der möglichen alternativen Bezeichnungen mit „A" wird 5S, wie bereits erwähnt, in Deutschland auch 5A genannt. Das fördert aber nicht das Verständnis, da passende Übersetzungen mit „S" verfügbar sind und sich der Begriff 5S international eingebürgert hat. Im Folgenden werden die 5S kurz erläutert:

1.   S = Sortiere aus
Diese Tätigkeiten beinhalten das Sichten aller Gegenstände und Papiere und deren Bewertung nach Wichtigkeit und Häufigkeit des Gebrauchs. Je nach Einordnung werden Dinge weggeworfen oder so platziert, dass sie schnell, bzw. weniger schnell erreichbar sind. Es sollte gefragt werden: Wofür wird es benötigt? Wie oft wird es eingesetzt? Warum ist es an diesem Platz? Wer kümmert sich darum? Wo ist es zu finden?

2.   S = Systematische Ordnung
Um benötigte Dinge schnell zu finden, bekommt jeder Gegenstand einen festen Platz. Es sollte gefragt werden: Was wird benötigt? Wie viel davon? An welchem Ort? Wofür?

3.   S = Sauber halten
Der Arbeitsplatz, z. B. eine Maschine, wird von dem Mitarbeiter der daran arbeitet, gereinigt. Es gilt das Motto: „Reinigen ist Prüfen", denn durch das Säubern werden Mängel frühzeitig entdeckt. Sauberkeit und Ordnung müssen stets beibehalten werden. Hierzu sind Zuständigkeiten zu definieren und an Ort und Stelle auszuhängen.

4. S = Standardisieren
Standards werden gemeinsam festgelegt und für die gesamte Organisation eingeführt. Entsprechende Schilder, Markierungen und Beschriftungen sollten angebracht werden. Checklisten für Reinigung und Wartung sind aufzustellen.

5. S = Selbstdisziplin und ständige Verbesserung
Alle Mitarbeiter müssen sich an die vereinbarten Regelungen halten, damit der Erfolg der 5S-Aktion nicht nur kurzfristig, sondern andauernd bzw. nachhaltig ist. Hier ist wieder Führung mit Vorbild gefragt, damit man nicht wieder in alte Gewohnheiten zurückfällt.

4.9 Audits

Der Erfolg einer 5S-Aktion gibt dem Aufwand, den man betreibt, um diesen Zustand zu erreichen, recht. Nun gilt es, diesen Zustand zu erhalten, d.h. Nachhaltigkeit zu erzielen. Dies ist bei vielen 5S-Aktionen das eigentliche Problem. Zwar schaffen es viele Unternehmen bis zu dem vierten „S" zu kommen, aber dann beginnt sich allmählich der alte Zustand wieder einzuschleichen. Die Selbstdisziplin und die angestrebte, ständige Verbesserung sind der schwierigste Teil in diesem Verfahren.

Hier gibt es ein allseits anerkanntes und bewährtes Konzept mit einer vielfach erprobten Erfolgsquote. Es sind „Audits", die helfen die Nachhaltigkeit zu sichern und die ständige Verbesserung anzuregen. Audits sind bei allen Bausteinen anwendbar und besonders erfolgreich bei den Bausteinen „Autonome und Geplante Instandhaltung" und auch bei „TPM in administrativen Bereichen". Die Wirksamkeit von Audits hat mindestens zwei wichtige Aspekte. Zum einen ist es für Mitarbeiter einen echte sportliche Herausforderung, Audits zu bestehen und von Audit zu Audit auch Fortschritte zu zeigen. Zum anderen ist es eine Herausforderung für die Führungskräfte, diese Audits für den ihnen zugedachten Teil selber durchzuführen, sich also vor Ort immer wieder sehen zu lassen, den ständigen Verbesserungsprozess anzuregen und zu begleiten und Interesse für ihre Mitarbeiter und deren Probleme vor Ort zu zeigen. Für die Durchführung der Audits hat sich ein 3-stufiges Modell bewährt, das nachfolgend beschrieben werden soll.

Dafür wählen wir die Vorgehensweise wie bei der Einführung der „Autonomen Instandhaltung". Wie schon in dem betreffenden Kapitel beschrieben, geht es bei dieser Einführung um die 7 Stufen der „Autonomen Instandhaltung", die mit einer Grundinspektion beginnt, bei der die Maschinen und Anlagen in einen „Wie-Neu-Zustand" gebracht werden. Jetzt gilt es, in der Folgezeit den Zustand der Stufe 1 zu erhalten und Schritt für Schritt weitere Stufen zu erklimmen. Dabei sind die 3-stufigen Audits eine große Hilfe. Die Kriterien der einzelnen Stufen sind im Kapitel 8.8 aus den entsprechenden Formblättern zu ersehen. Natürlich sind dies nur Beispiele. Jede Firma oder jedes Werk muss die eigenen Kriterien der einzelnen Stufen selber festlegen, wobei aber die Anleitung aus diesem Buch sicher eine Hilfe sein kann.

Nun gilt es bei der Erreichung der einzelnen Stufen, diese durch ein Audit zu ermitteln und zu bestätigen und damit die Voraussetzung für die nächste Stufe zu schaffen. Diese Audits sind am effektivsten, wenn sie in drei Stufen erfolgen. Zunächst auditieren sich die Mitarbeiter an der Maschine oder Anlage selbst, d. h., sie führen anhand des Auditformulars mit den geforderten Kriterien ein Eigenaudit durch. Erreichen sie in diesem Eigenaudit mindestens 90 % der geforderten Punkte, so können sie die nächste Auditstufe beantragen. Dieses Audit führt dann der direkte Vorgesetzte der Mitarbeiter durch. Es hat sich ebenfalls bewährt, wenn bei diesem Audit der Baustein-Verantwortliche (Champion) und/oder der TPM-Koordinator (TPM-Manager) anwesend sind. Erreichen die Mitarbeiter in diesem Audit mindestens 85 % der geforderten Punkte, so können sie die dritte und letzte Stufe der Audits beantragen. Dieses Audit dient der eigentlichen, definitiven Feststellung der Erreichung der betreffenden Auditstufe und ist damit ein besonderes Ereignis. Es wird vom Werksleiter oder Geschäftsführer durchgeführt bzw. von der Führungskraft, die in der betreffenden Organisation oder in dem entsprechenden Bereich die höchste Stellung einnimmt. Bei diesem Audit sollten der TPM-Koordinator (TPM-Manager) und der Baustein-Verantwortliche ebenfalls anwesend sein. Erreichen die Mitarbeiter in diesem Audit mindestens 80 % der geforderten Punkte, so erfolgt eine offizielle Feststellung der Erreichung der betreffenden Stufe der „Autonomen Instandhaltung". Ganz besonders bewährt hat es sich auch, wenn die Erreichung der betreffenden Stufe durch ein äußerlich sichtbares Signal gekennzeichnet wird. Das kann z. B. ein Aufkleber sein, der an der Maschine oder Anlage angebracht wird und so die erreichte Stufe nach außen hin signalisiert (vgl. Abbildung 33). Mitarbeiter mögen diese Art der Kennzeichnung im Allgemeinen sehr gern und sind stolz auf das erreichte Ergebnis.

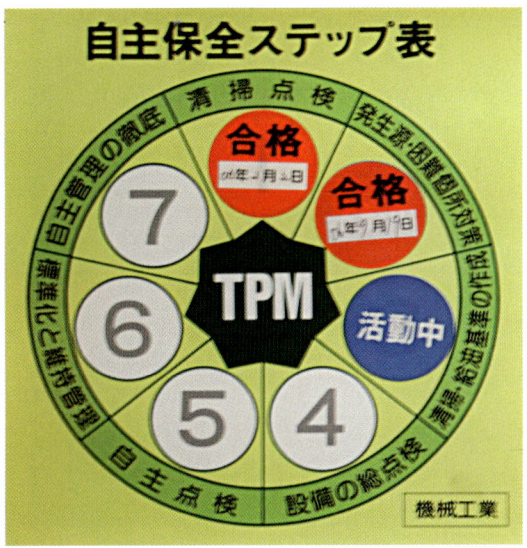

Abb. 33: Aufkleber zur Visualisierung der erreichten Auditstufe in der autonomen Instandhaltung

4.10 Ihr Lernerfolg aus diesem Kapitel

- TPM wendet die – meist bekannten – Werkzeuge strukturiert und gezielt an. Mitarbeiter werden in der Anwendung des Werkzeugs geschult.

- Zu den wichtigsten TPM-Werkzeugen gehören die 5W-Analyse, das Ishikawa-Diagramm, die 5W1H-Analyse, die N5W-Analyse, das Paretodiagramm und die 5S-Aktion.

- Diese Werkzeuge stellen ein systematisches Vorgehen bei der Suche nach Fehlerursachen und bei der Fehlerbehebung sicher.

- Bei und besonders nach einer 5S-Aktion ist vorbildliches Führungsverhalten erforderlich, um die Selbstdisziplin zu unterstützen.

- Die Nachhaltigkeit der 5S-Aktionen wird durch Audits abgesichert. Bei diesen Audits hat sich ein 3-stufiges Modell bewährt. Bei diesem Modell auditieren die Mitarbeiter sich zunächst selbst. Die zweite Stufe des Audits wird von dem direkten Vorgesetzten durchgeführt, die dritte Stufe von der höchsten Führungskraft der entsprechenden Organisation.

- Beim Erfüllen des Audits in der dritten Stufe, wird die erreichte Auditstufe entsprechend verliehen. Dies wird an der Maschine bzw. Anlage besonders visualisiert.

4.11 Übungsaufgaben zu diesem Kapitel

Aufgabe 1
Welches sind die wichtigsten TPM-Werkzeuge?

Aufgabe 2
Wozu dient besonders die N5W-Analyse?

Aufgabe 3
Welchen Vorteil hat die Pareto-Analyse?

Aufgabe 4
Welches sind die 5 Ursachenfelder beim Ishikawa-Diagramm?

Aufgabe 5
Was ist besonders wichtig bei einer 5S-Aktion?

Aufgabe 6
Wie wird die Nachhaltigkeit von 5S-Aktionen abgesichert?

Aufgabe 7
Welche Vorgehensweise hat sich bei Audits bewährt?

5. TPM und Führung

5.1 TPM – ein Veränderungsprozess

Wenn man an das erste Ziel von TPM denkt: „TPM zielt auf die Etablierung einer geeigneten Unternehmens- und Arbeitskultur...", dann wird klar, dass es sich hier um einen Veränderungs-Prozess (Change-Process) handelt. Veränderungs-Prozesse stellen besondere Anforderungen an die gesamte Organisation eines Unternehmens und ganz **besondere Ansprüche an die Führungskräfte**. Gleich zu Anfang sei gesagt, dass Veränderungs-Prozesse bisher niemals an den Mitarbeitern gescheitert sind. Wenn Veränderungs-Prozesse scheitern, dann liegt dies vorrangig am Verhalten der Führungskräfte auf allen Ebenen. Dieses Kapitel soll den interessierten Leser daher für die richtige Vorgehensweise bei einem Veränderungs-Prozess sensibilisieren und auf die Stolpersteine und Fallen aufmerksam machen, die den Veränderungs-Prozess begleiten. Denkt man zum anderen daran, dass TPM einen zielgerichteten, beständigen Verbesserungsprozess einleiten soll, dann ist es in hohem Maße erforderlich, das Wissen und Können aller (oder der meisten) Mitarbeiter zu mobilisieren.

Zusammengefasst ergeben sich für den Start eines Veränderungs-Prozesses fünf wichtige Aspekte:

1. Veränderungs- oder Verbesserungs-Prozesse brauchen im besonderen Maße die richtige Führung.

2. Die Führungskräfte haben die Aufgabe, die Mitarbeiter im Veränderungs-Prozess zu begleiten und zu unterstützen.

3. Dazu müssen die Führungskräfte die Ziele des Veränderungsprozesses selber verstanden und akzeptiert haben.

4. Die Führungskräfte müssen mit Überzeugung das Wissen und Können der Mitarbeiter mobilisieren.

5. Die Mobilisierung von Wissen und Können der Mitarbeiter ist unbedingt erforderlich, um Veränderungen und Verbesserungen nachhaltig zu gestalten.

5.2 Die Mobilisierung von Wissen und Können

Um das Wissen und Können aller Mitarbeiter in einem Unternehmen mobilisieren zu können, muss man sich im Klaren darüber sein, wo es zu finden ist. Hier darf man nicht der irrigen Annahme unterliegen, dass sich Wissen und Können in Datenbanken, Ordnern oder Archiven befindet. Dort befinden sich lediglich Daten und Informationen. Die folgende banale Erkenntnis ist daher ein vitales Element in der Mobilisierung von Wissen und Können. Folgende Aspekte müssen erkannt, überdacht und beachtet werden:

Wo finden wir Wissen und Können im Unternehmen?

- Es steckt in den Köpfen der Mitarbeiter!

- Wie können wir dieses Wissen und Können zum Fließen bringen?

- Wie erreichen wir die Bereitschaft der Mitarbeiter, ihr Wissen und Können nicht nur in der Freizeit einzusetzen?

- Gibt es eine Möglichkeit festzustellen, wer im Unternehmen welches Wissen und Können besitzt?

- Können wir Bedingungen schaffen, unter denen Mitarbeiter ihr Wissen und Können ständig einsetzen und erweitern?

- Warum geschieht der ständige Einsatz von Wissen und Können nicht von selbst?

Was behindert den freiwilligen und ständigen Einsatz von Wissen und Können der Mitarbeiter?

Die Lösung des Problems, wie man Wissen und Können zum Fließen bringen kann und was diesen Fluss behindert, ist ganz entscheidend für den Erfolg eines Veränderungs-Prozesses.

Mit diesen Fragen haben sich Studien, u.a. des Gallup-Instituts für Meinungsforschung beschäftigt, die seit 1946 angestellt werden. Die gewonnene Erkenntnis daraus hilft, die richtigen Maßnahmen zu ergreifen. Dieses Buch möchte nun nicht in die Details dieser Studien eintauchen, jedoch die Faktoren benennen, die bei einer erfolgreichen Umsetzung von TPM von entscheidender Bedeutung sind.

Die Studien kommen zu der Aussage, dass sich ca. 82 % der Arbeitnehmer nicht mit dem identifizieren was sie machen, sondern dass sie ihren Beruf nur als Mittel zum Zweck sehen. Nur ca. 18 % der Arbeitnehmer machen ihren Beruf gern und identifizieren sich mit dem, was sie tun.

Die Studien nennen auch die wesentliche Ursache, warum sich nur so wenige Mitarbeiter mit dem, was sie tun voll identifizieren und daher auch hoch motiviert sind. Bei den meisten Mitarbeitern besteht ein so genannter kognitiver, also versteckter Mangel, da sie nicht genügend in die Aufgaben einbezogen werden, da sie nicht genügend Wertschätzung durch ihre Führungskräfte erfahren und da sie die Ziele des Unternehmens nicht ausreichend verstehen. Letztlich ist es also falsches Führungsverhalten, dass diesen Mangel und Demotivation auslöst. Es gibt sicher auch noch andere Gründe, die ihre Ursache vielleicht gar nicht im Unternehmen haben. Auf diese Gründe haben die Autoren schon in dem Kapitel 3.4.3 „Sensible Themen" hingewiesen. Woran es den Mitarbeitern auch immer mangelt, es führt zu einem

Zustand, der aus Frust resultiert und den man **„Innere Kündigung"** nennt. Mitarbeiter erscheinen an ihrem Arbeitsplatz, weil sie ihr Leben finanzieren müssen und das ihrer Familien. Sie erledigen ihre Aufgaben so gut sie es können, machen Dienst nach Vorschrift, ohne jedoch ihr gesamtes Wissen und Können einzubringen und schon gar nicht ihr „Herzblut".

Für Führungskräfte gilt es also, mit dieser Tatsache richtig umzugehen und die richtigen Schlüsse daraus zu ziehen; denn ein Mitarbeiter, der innerlich bereits gekündigt hat, ist an Veränderungsprozessen, die vielleicht noch mehr von ihm abverlangen als bisher, nicht wirklich interessiert. Hilfreiche Anregungen was Mitarbeiter motiviert auch strapaziöse Tätigkeiten auf sich zu nehmen, finden sich bei Milhaly Csikszentmihalyi (Csikszentmihalyi 2000).

Bei einem Veränderungs-Prozess braucht man jedoch eine hohe Anzahl von Mitarbeitern, die mit hoher Motivation und Verständnis der Ziele, den Veränderungs-Prozess voran treiben. Die folgenden Aspekte müssen also in die Realität umgesetzt werden:

- Die Mitarbeiter müssen die Ziele des Unternehmens verstehen

- Die Sinnhaftigkeit dieser Ziele muss erklärt und vermittel werden

- Die Mitarbeiter müssen sich mit den Zielen des Unternehmens identifizieren können

Dabei spielen die Führungskräfte des Unternehmens eine ganz entscheidende Rolle. Die Führungskräfte müssen in der Lage sein, die Ziele des Unternehmens mit Überzeugung zu erklären. Dabei ist es eine Voraussetzung, dass die Führungskräfte die Ziele kennen, selber verstanden haben und glaubhaft dahinter stehen. Wenn Führungskräften hier nicht ein Überzeugungstransfer auf die Mitarbeiter gelingt, ist der Erfolg des Veränderungs-Prozesses gefährdet. Drei wichtige Aspekte sollen hier noch einmal hervorgehoben werden:

- Überzeugung ist der entscheidende Schlüssel zur Motivation der Mitarbeiter

- Die Führungskräfte des Unternehmens müssen die Sinnhaftigkeit der Unternehmensziele (Nah- und Fernziele) überzeugend darlegen

- Dazu müssen die Führungskräfte selbst überzeugt sein und die Ziele verstanden und akzeptiert haben

Für den Erfolg bei einem Veränderungs-Prozess soll an dieser Stelle noch auf einen anderen, wichtigen Aspekt hingewiesen werden, der für die Umsetzung im Veränderungsprozess von entscheidender Bedeutung ist. Dieser Aspekt steht im Zusammenhang mit der unterschiedlichen Einstellung von Menschen zu Motivation. Nicht alle Menschen lassen sich auf die gleiche Art und Weise oder mit den gleichen Argumenten motivieren. Das liegt an den sogenannten **„motivations-typischen" Einstellungen**.

Jedem wird klar sein, dass man hier ein sehr komplexes Feld betritt. Außerdem wollen die Verfasser nicht den Eindruck erwecken, dass dazu tiefenpsychologische Kenntnisse erforderlich sind. Es gibt jedoch für die generelle Arbeitswelt Ansätze, die ein komplexes Thema auf ein praktikables Niveau reduzieren.

Diese Ansätze möchten die Autoren nutzen, um den Aspekt der unterschiedlichen Einstellung von Menschen in Bezug auf Motivation deutlich zu machen. Die nachfolgende Auflistung soll die „motivationstypischen" Einstellungen vereinfacht zum Ausdruck bringen. Dabei handelt es sich um die folgenden Motivations-Typen:

1. **UV-Typ:** Strebt nach Unabhängigkeit, handelt eigenverantwortlich, unternehmerisch denkender Mensch (zur Zeit leider abnehmender Anteil).

2. **V-Typ:** Strebt nach Vertrauen, vertraut selbst auch, will gemocht werden, ist nicht egoistisch.

3. **SA-Typ:** Strebt nach sozialer Anerkennung, liebt eine gewisse „Hackordnung", ist begeisterungsfähig.

4. **S-Typ:** Hat hohe Selbstachtung, ist ein prinzipientreuer Mensch, eher zurückgezogen, aber verlässlich.

5. **SG-Typ:** Strebt nach Sicherheit und Geborgenheit, will wissen, wo er hingehört, hat hohe Identifikationsfähigkeit, wenn Sicherheit und Geborgenheit gegeben sind.

Diese Auflistung stellt keine neue Typenlehre dar. Sicher wird jeder sofort erkennen, dass es wohl niemanden gibt, der die eine oder andere motivations-typische Einstellung in Reinkultur repräsentiert. Menschen sind immer ein gutes Gemisch aus diesen Verschiedenheiten. Jedoch kann wohl auch jeder aus eigener Erfahrung bestätigen, dass bei dem einen oder anderen Menschen die eine oder andere motivations-typische Einstellung überwiegt.

Wichtig ist an dieser Stelle zu erkennen, welche Bedeutung diese Verschiedenheiten für den Erfolg oder Misserfolg eines Veränderungs-Prozesses haben. Die erste Erkenntnis daraus ist eine sehr banale, die auch schon genannt wurde. Jeder Mensch reagiert anders, wenn es um Motivation geht. Da dies so ist, muss man also verschiedenartig vorgehen, wenn man in der Kommunikation und Motivation erfolgreich sein will. Dabei helfen die bekannten **Führungs-Strategien**, die genau aus diesem Grund heraus entwickelt wurden. Diese Führungs-Strategien werden wie folgt bezeichnet:

- Management by Information
- Management by Objectives
- Management by Delegation
- Management by Cooperation
- Management by Results

Diese Führungs-Strategien wurden auf der Basis der motivations-typischen Einstellungen von Menschen entwickelt. Deshalb sprechen die unterschiedlichen Menschen auf die jeweils ihnen am nächsten kommende Führungs-Strategie besser an, als auf eine, die ihnen fremder ist.

Die nachfolgende Abbildung 34 zeigt den Zusammenhang von motivations-typischen Einstellungen und den am besten geeigneten Führungs-Strategien. In dem Dreieck in der Mitte des Schaubildes erkennt man den durchschnittlichen Anteil von Mitarbeitern in Unternehmen oder Organisationen aus den entsprechenden motivations-typischen Bereichen.

Nun entsteht natürlich die Frage, wie man dies in einem Unternehmen umsetzt. Sicher ist es jedem klar, dass man nicht jeden einzelnen Mitarbeiter individuell behandeln kann. Dies ist nicht nur unmöglich, sondern auch nicht erforderlich. Wichtig ist, dass man beim Start eines Veränderungs-Prozesses eine gewisse Reihenfolge der Führungs-

Motive		Strategien	
UV = Unabhängigkeit Eigenverantwortung (extrovertiert)	2%	Management by Results	5
V = Vertrauen (extrovertiert)	10%	Management by Cooperation	4
SA = Soziale Anerkennung (extrovertiert)	14%	Management by Delegation	3
S = Selbstachtung (introvertiert)	36%	Management by Objectives	2
SG = Sicherheit Geborgenheit (introvertiert)	38%	Management by Information	1

Abb. 34: Zusammenhang von motivations-typischen Einstellungen und geeigneten Führungs-Strategien

Strategien einhält. Die erfolgreichste Reihenfolge kann man folgendermaßen darstellen:

1. **Information (Kommunikation)**
2. **Objectives (Ziele/Kennzahlen)**
3. **Delegation (Heranführen an Selbstständigkeit)**
4. **Cooperation (Schafft Vertrauen)**
5. **Results (Unternehmerisches Handeln)**

Zunächst ist es wichtig, den Veränderungs-Prozess und seine Ziele ausreichend und immer wieder zu kommunizieren. Eine gute Informationspolitik ist daher so wichtig, weil der größte Teil der Mitarbeiter auf diese Vorgehensweise positiv reagiert. Der nächste Schritt wäre dann, die Ziele und Kennzahlen des Veränderungs-Prozesses zu kommunizieren und deren Sinnhaftigkeit zu erklären. Dies ist besonders für die nächstgrößere Gruppe im Unternehmen wichtig. Hier sind die Führungskräfte erheblich gefordert, worauf später noch näher eingegangen wird. Danach folgt der Schritt des Heranführens an mehr Selbstständigkeit, an Autonomie oder Teilautonomie. Hier ist die Delegation von Aufgaben und Verantwortung vorrangig. Darauf reagieren diejenigen Mitarbeiter positiv, die zu der Typgruppe gehören, für die soziale Anerkennung eine wichtige Rolle spielt. Auch zu diesem Schritt ist ein anderes Führungsverhalten erforderlich. Im nächsten Schritt geht es um Kooperation, gute Zusammenarbeit und ein offenes Arbeitsklima. Darauf reagieren wiederum die Mitarbeiter positiv, für die Vertrauen eine wichtige Rolle spielt.

Hält man diese Reihenfolge ein und in der Gewichtung im Unternehmen auch aufrecht, dann kommen auch die Resultate, die man sich wünscht. Dann wird die Anzahl der Mitarbeiter, die „unternehmerisch" handeln können, Schritt für Schritt größer. Wichtig ist noch zu erwähnen, dass natürlich ein Unternehmen nicht vollkommen homogen besetzt ist, sondern dass die einzelnen Bereiche des Unternehmens stark abweichen können, was die motivations-typischen Einstellungen von Mitarbeitern oder Mitarbeitergruppen betrifft. Hier muss man dann überlegen, an welcher Stelle der Kette von Führungsstrategien man ansetzt. Weitere hilfreiche Anregungen zum Thema Führung finden sich im Werk „Lust an Leistung. Die Naturgesetze der Führung" von Felix von Cube (Cube 2005).

5.3 Die Rolle der Führungskräfte

Jetzt entsteht die Frage, welche Auswirkungen ein Veränderungs-Prozess auf das Führungsverhalten hat. Aus den Ergebnissen der vorangegangenen Studien muss entnommen werden, dass Mitarbeiter nicht pauschal motiviert werden können. Dies erfordert einen besonderen Ansatz im Führungsverhalten, damit das Wissen und Können der Mitarbeiter tatsächlich zum Fließen gebracht wird. Um deutlich zu machen, welcher Ansatz bei einem Veränderungs-Prozess am erfolgreichsten ist, soll an dieser Stelle noch einmal das klassische Führungsverhalten gekennzeichnet werden.

Dieses klassische Führungsverhalten kann man folgendermaßen beschreiben:

- Anordnungen erteilen, Anweisungen geben und die Ergebnisse kontrollieren

- Sind die Ergebnisse nicht gemäß den Anweisungen, werden neue Anweisungen oder Anordnungen erteilt

- Ziele und Kennzahlen kennt nur die Führungskraft

Dieses klassische Führungsverhalten ist hauptsächlich gekennzeichnet durch Kontrolle und dadurch, dass nur bestimmte Informationen an Mitarbeiter weitergegeben werden.

Will man jedoch erreichen, dass Mitarbeiter bereit sind, ihr gesamtes Wissen und Können im Unternehmen einzusetzen, dann wird man mit dem klassischen Führungsverhalten scheitern. In Veränderungs-Prozessen ist ein verändertes Führungsverhalten erforderlich, dass man folgendermaßen kennzeichnen kann:

- Bedingungen schaffen, unter denen die Mitarbeiter ihre Aufgaben selbstständig, effizient und erfolgreich erfüllen können

- Dazu benötigt man leidenschaftliches Engagement, dynamisches Handeln, wagemutiges Verhalten und eine **vertrauensvolle** Zusammenarbeit

- Die Mitarbeiter kennen die Ziele, die zu erreichen sind und die Kennzahlen, mit denen die eigene Arbeit und Leistung gesteuert und kontrolliert werden kann

Die Führungskraft muss im Veränderungs-Prozess zum Manager von Bedingungen werden, die es dem Mitarbeiter ermöglichen, erfolgreich und effektiv zu arbeiten. Nur wenn der Mitarbeiter solche Bedingungen vorfindet, wird er bereit sein, sich und sein Wissen und Können einzubringen. Folgende drei Punkte sollen hier hervorgehoben werden:

- Veränderungs-Prozesse brauchen ein neues Führungsmodell

- Das neue Führungsmodell muss die Mitarbeiter motivieren, ihr gesamtes Wissen und Können einzubringen und erlauben, sich zu engagieren und zu entfalten

- Das neue Führungsmodell erfordert ein verändertes Fehlerverhalten

Die Führungskraft tritt in dem neuen Führungsmodell nicht mehr als Anweiser und Kontrolleur auf, sondern als **Trainer, Coach und Motivator**. Die folgende Abbildung 35 zeigt das neue Führungsmodell:

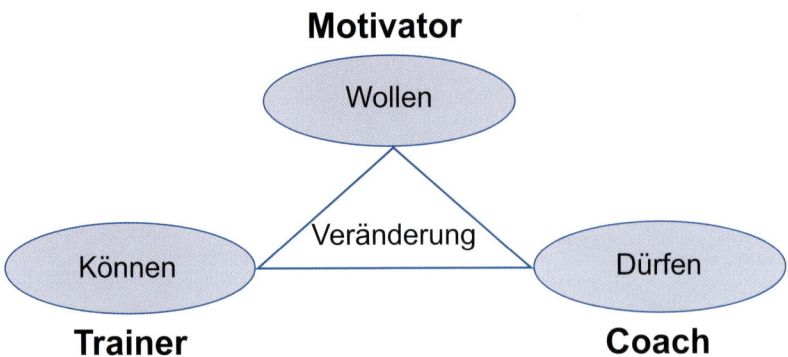

Abb. 35: Das neue Führungsmodell

Die Führungskraft wirkt in diesem neuen Führungsmodell situationsbezogen auf die Mitarbeiter ein. Daher muss die Führungskraft in diesem neuen Modell mit fachlicher, methodischer und sozialer Kompetenz vorgehen. Damit die Mitarbeiter sich einbringen „wollen", braucht es Motivation. Um zu verstehen, dass die Mitarbeiter im Veränderungsprozess sich auch mit ihrem ganzen Wissen und Können einbringen „dürfen", braucht es die Ermunterung durch Coaching. Und damit Mitarbeiter sich auch einbringen „können", braucht es an vielen Stellen Schulung und Training. Die Führungskraft in einem Veränderungs-Prozess muss diese drei Verhaltensweisen als Trainer Coach und Motivator beherrschen. Wichtig ist noch zu erwähnen, dass zur neuen Führungskultur auch gehört, sich bei Fehlern anders zu verhalten. War bislang ein Fehler ein Grund, eine Einzelperson oder auch eine Gruppe zu rügen oder zu bestrafen, so ist ein Fehler in der neuen Kultur eine Chance, gemeinsam daraus zu lernen! Folgendes bleibt dabei festzuhalten:

- Die Führungskraft als Trainer, Coach und Motivator

- Die Führungskraft mit fachlicher, methodischer und sozialer Kompetenz

- Eine veränderte Fehlerkultur

Die folgenden Beispiele sollen noch einmal kurz beschreiben, wie die Führungskraft situationsbezogen als Trainer, Coach und Motivator wirken kann.

Was macht die Führungskraft als Trainer?

- Kompetenzen der Mitarbeiter auf den Gebieten Fachkenntnis, Methodenkenntnis und Sozialverhalten verbessern

- Das Leistungsvermögen im Team/in der Gruppe umfassend steigern

- Die Erfolgschancen durch erhöhte Handlungskompetenz verbessern

- Mögliche Fehler durch Kompetenzverbesserung antizipieren

Was macht die Führungskraft als Coach?

- Arbeitsbedingungen definieren und Zusammenhänge vermitteln

- Leistungsvoraussetzungen für das Team schaffen, verbessern und optimieren

- Ziel- und Erfolgskriterien mit dem Team absichern

- Aus Fehlern gemeinsam und systematisch lernen

Was macht die Führungskraft als Motivator?

- Begeistern und zu Initiativen, Ideen und Innovationen ermutigen

- Leistungsbereitschaft erhöhen, festigen und erhalten

- Für Erfolg begeistern und den Erfolg im Team erlebbar machen

- Fehler abfedern, nicht personalisieren aber auch nicht verstecken

Die veränderte Fehlerkultur!

- Früher war ein Fehler ein Grund, eine Person oder eine Gruppe zu bestrafen

- Bei dem neuen Führungsmodell bedeuten Fehler die Chance, gemeinsam aus Fehlern zu lernen

- Dies bedeutet, dass Fehler nicht mehr unter den Tisch gekehrt werden und somit wiederholt auftreten

Zusammengefasst kann gesagt werden, dass sowohl Führungskräfte als auch Mitarbeiter ihre neuen Rollen im Veränderungs-Prozess erlernen müssen. Dies erfordert in hohem Maße **Geduld!** Veränderung geschieht nicht plötzlich, sondern langsam und, wenn man es richtig anfängt, stetig. Einige wichtige Dinge gibt es allerdings noch zu berücksichtigen, wenn man den Veränderungs-Prozess erleichtern will:

Menschen sind bereit, im Veränderungsprozess Opfer zu bringen, wenn:

- sie wissen warum (Sinnhaftigkeit)

- sie wissen wie lange (Vorhersehbarkeit)

- sie eingebunden sind (Beeinflussbarkeit)

- sie einen Nutzen sehen (Partizipation)

- sie sehen, dass andere auch Opfer bringen (Solidarität)

- sie deutlich erkennen, dass die Veränderung zu ihren neuen Pflichten gehört (kein Ausweg)

An dieser Stelle sei noch einmal an die Erkenntnisse aus den langjährigen Verhaltensstudien erinnert. Wenn man möchte, dass sich schrittweise mehr und mehr Mitarbeiter unternehmerisch verhalten, d.h., ihr Wissen und Können voll einbringen, Verantwortung übernehmen und mehr und mehr selbstständig und eigenverantwortlich handeln, dann sollte man die folgenden Aspekte bedenken und anwenden (vgl. hierzu auch Cube 2007):

Was fördert das unternehmerische Handeln?

- Angebot von Sicherheit und Geborgenheit (Steigert das Zugehörigkeitsgefühl)

- Förderung der Selbstachtung (Erhöht die Verlässlichkeit)

- Soziale Anerkennung (Fördert die Begeisterungsfähigkeit)

- Schaffung einer Vertrauenskultur (Mindert den Egoismus)

- Förderung der Eigenverantwortlichkeit (Erzeugt das Mitdenken)

Zu guter Letzt möchten die Verfasser noch an eine Aussage erinnern, die der ehemalige, amerikanische Präsident Abraham Lincoln gemacht hat:

> **If you always do**
> **What you always did**
> **You will always get**
> **What you always got**

Veränderungs-Prozesse erfordern im Kern, dass man die Dinge auch wirklich anders macht. **Optimierung bestehender Strategien und Verhaltensweisen führt nicht zum Erfolg!** Zunächst muss man die Bedingungen und das Verhalten ändern, dann ändern sich auch die Verhältnisse, und am Ende dieses Prozesses ergibt sich eine neue Arbeitskultur. Dies gilt auch ganz besonders für die Einführung von TPM!

5.4 Ihr Lernerfolg aus diesem Kapitel

- Veränderungs-Prozesse brauchen im besonderen Maße Führung

- Im Veränderungs-Prozess soll das Wissen und Können der Mitarbeiter mobilisiert werden

- Wissen und Können im Unternehmen steckt nicht in Datenbanken und Archiven, sondern in den Köpfen der Mitarbeiter

- Wissen und Können kann im Unternehmen nur zum Fließen gebracht werden, wenn Mitarbeiter die nötigen Bedingungen dafür vorfinden

- Überzeugung ist der entscheidenden Schlüssel zur Motivation der Mitarbeiter. Deshalb müssen die Führungskräfte selbst überzeugt sein und ihre Überzeugung auf die Mitarbeiter transferieren

- Nicht alle Mitarbeiter lassen sich auf die gleiche Weise motivieren. Es gibt motivations-typische Einstellungen, die bei der Motivation Berücksichtigung finden müssen

- Die fünf klassischen Führungs-Strategien sind auf Grund der motivations-typischen Einstellungen von Mitarbeitern entwickelt worden

- Es ist wichtig, bei Veränderungs-Prozessen in der richtigen Reihenfolge der fünf Führungs-Strategien vorzugehen, und dies immer wieder

- Die neue Rolle der Führungskräfte in Veränderungs-Prozessen ist situationsbezogen die eines Trainers, Coach und Motivators

- Die Führungskräfte müssen Bedingungen schaffen, unter denen die Mitarbeiter selbstständig, effizient und erfolgreich arbeiten und ihre Ziele erfüllen können

- Die Führungskräfte brauchen zur Erfüllung ihrer veränderten Führungsaufgabe fachliche, methodische und soziale Kompetenzen

- Unter der neuen Führungskultur ist ein Fehler eine Chance, gemeinsam daraus zu lernen

- Die Bereitschaft der Mitarbeiter, den Veränderungs-Prozess zu unterstützen, erfordert Geduld und Berücksichtigung bestimmter Dinge wie Vorhersehbarkeit und Beeinflussbarkeit

- Ein Veränderungs-Prozess beginnt damit, dass man die Bedingungen und das Verhalten verändert. Geschieht dies in der richtigen Art und Weise, erhält man am Ende eine neue, unternehmerisch geprägte Arbeitskultur

- Veränderung erfordert, die Dinge anders zu machen

5.5 Übungsaufgaben zu diesem Kapitel

Aufgabe 1
Was ist bei einem Veränderungs-Prozess unbedingt erforderlich?

Aufgabe 2
Wo finden wir Wissen und Können im Unternehmen?

Aufgabe 3
Was behindert den freiwilligen und ständigen Einsatz von Wissen und Können?

Aufgabe 4
Welches ist der entscheidende Schlüssel zur Motivation der Mitarbeiter?

Aufgabe 5
Welches sind die fünf motivations-typischen Einstellungen von Mitarbeitern?

Aufgabe 6
Nenne die fünf klassischen Führungs-Strategien

Aufgabe 7
In welcher Reihenfolge der Anwendung der fünf klassischen Führungs-Strategien erreicht man am besten den größten Teil der Mitarbeiter?

Aufgabe 8
Beschreibe das neue Führungsmodell in einem Veränderungs-Prozess

Aufgabe 9
Wie sollte die Einstellung zu Fehlern in der neuen Führungs-Kultur sein?

Aufgabe 10
Was fördert die Bereitschaft von Mitarbeitern, im Veränderungs-Prozess Opfer zu bringen?

Aufgabe 11
Was fördert im Veränderungs-Prozess das unternehmerische Handeln?

Aufgabe 12
Wie muss man vorgehen, um eine neue Arbeitskultur zu erhalten?

6. Vorgehensweise zur erfolgreichen Einführung von TPM

6.1 Die 12-Schritte zur TPM Einführung

Alle TPM-Aktivitäten sind durch eine systematische, schrittweise Vorgehensweise gekennzeichnet. So ist es nicht weiter verwunderlich, dass auch für die Einführung von TPM eine bewährte „Schrittfolge" vorliegt. Vorab soll betont werden, dass eine TPM-Einführung kein Projekt ist, sondern der **Beginn einer Entwicklung, die kein Ende hat.** Die Einführung von TPM gliedert sich in 12 Schritte:

1.) Bekenntnis des Top-Managements
2.) Werbekampagne für die TPM-Initiative
3.) Zielfestlegung (nach PQCDSM)
4.) Aufbau der TPM-Organisation
5.) Aufbau TPM-Masterplan
6.) Kick-Off

7.) Roll-Out eines Systems zur Erhöhung der Produktionseffektivität mit den Bausteinen
   i. Zielgerichtete, Kontinuierliche Verbesserung
   ii. Autonome Instandhaltung
   iii. Geplante Instandhaltung
   iv. Kompetenzmanagement
8.) Roll-Out Anlaufmanagement
9.) Roll-Out Qualitätserhaltung
10.) Roll-Out TPM in administrativen Bereichen
11.) Roll-Out Arbeitssicherheit, Umwelt- und Gesundheitsschutz
12.) Konsolidierung

Die Schritte 1-5 werden der **Vorbereitungsphase** zugeordnet. Diese Phase – die erfahrungsgemäß mindestens sechs Monate dauert - entscheidet häufig über Erfolg oder Nichterfolg einer TPM-Einführung.

Schritt 1:
Als erste und wichtigste Aktivität ist das volle **Bekenntnis des Top-Managements** für TPM sicherzustellen. Dieses Bekenntnis sollte in den oberen Führungsetagen bekannt gemacht werden. Diese Unterstützung des Top-Managements ist äußerst wichtig, da eine TPM-Einführung grundlegende Veränderungen im Unternehmen bewirkt und mit Widerständen im Unternehmen (meist aus unbegründeten Ängsten heraus) gerechnet werden muss.

Schritt 2:
Im nächsten Schritt ist dann eine **Werbekampagne für die TPM-Einführung** zu konzipieren, die TPM im Unternehmen bekannt macht und Begeisterung dafür weckt. Zudem sind erste TPM-Einführungsseminare für Führungskräfte vorzusehen.

Schritt 3:
Im dritten Schritt werden **die Ziele der TPM-Einführung** festgelegt. Erste Verlustanalysen können Hinweise geben, wo Verbesserungen am dringendsten nötig sind. Der Zielentwicklungsprozess ist in diesem Schritt von hoher Bedeutung. Die TPM-Ziele sollten nicht losgelöst sein von den Unternehmenszielen. Sie müssen aus den Unternehmenszielen heraus entwickelt werden. Dazu ist es erforderlich, dass die Unternehmensziele möglichst so formuliert sein sollten, dass sie Ansatzpunkte für das Herunterbrechen dieser Ziele auf die einzelnen Unternehmensbereiche enthalten. Ein Herunterbrechen

bedeutet in diesem Fall, dass eine Kaskade von Zielen der einzelnen Bereiche letztlich dazu führt, dass sie nachvollziehbar zur Erfüllung der Unternehmensziele beitragen. Wenn irgend möglich, sollte die unterste Stufe der Zielkaskade die Ziele von einzelnen Personen darstellen oder auch die Ziele von Teams oder Gruppen, die zusammengenommen ihren jeweiligen Anteil zur Erreichung der Ziele beitragen. Auf diese Weise wird auch für jeden Einzelnen oder für jede Gruppe sichtbar, dass die Erfüllung der Ziele auf ihrer Ebene einen vitalen Effekt auf die Unternehmensziele hat. Dies trägt nicht nur zum Verständnis der gesamten Ziel-Kaskade bei, sondern hilft auch der Motivation der Mitarbeiter. Es muss zudem sichergestellt sein, dass alle Führungskräfte die Ziele voll verstanden haben, und dass sie dahinter stehen. Es ist auch sinnvoll, die Art und Weise der Kommunikation der Ziele abzustimmen und gleichlautend zu verbreiten.

Die nachfolgende Abbildung 36 illustriert eine solche Ziel-Kaskade.

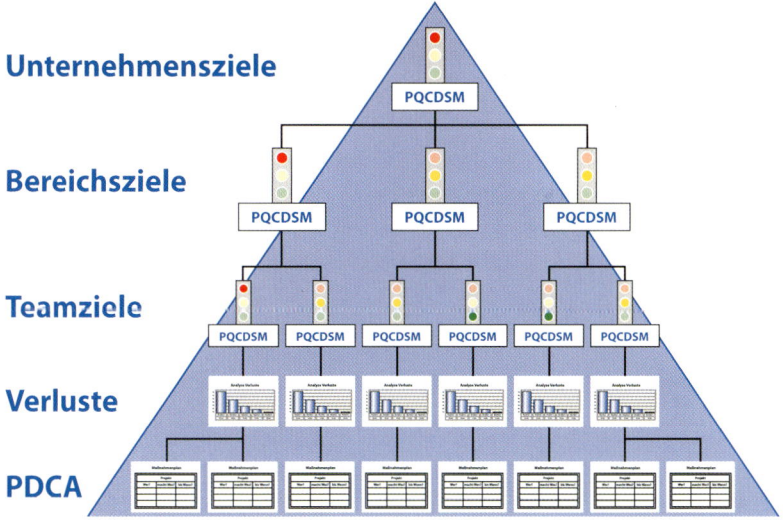

Abb. 36: Beispielhafter Aufbau einer Zielkaskade

Schritt 4:
Als Viertes sollte eine **TPM-Organisation aufgebaut** werden. Hierfür ist auch zu klären, welche TPM-Bausteine zu Beginn einzuführen sind. Wichtig ist es, dass der Betriebsrat von Anfang an in die TPM-Aktivitäten eingebunden ist. Nach anfänglicher Skepsis lässt sich fast jeder Betriebsrat von dem TPM-Gedanken überzeugen, denn er bringt für die Mitarbeiter viele positive Veränderungen mit sich. Dass eine Veränderung die Einführung von TPM ohne Konsens mit dem

Betriebsrat schwierig ist, liegt auf der Hand. Im Gegenteil haben einige Unternehmen aber von einer frühzeitigen aktiven Beteiligung der Betriebsräte sehr profitiert. Einen beispielhaften Aufbau einer TPM-Organisation mit guter Einbindung des Betriebsrats zeigt die folgende Abbildung 37.

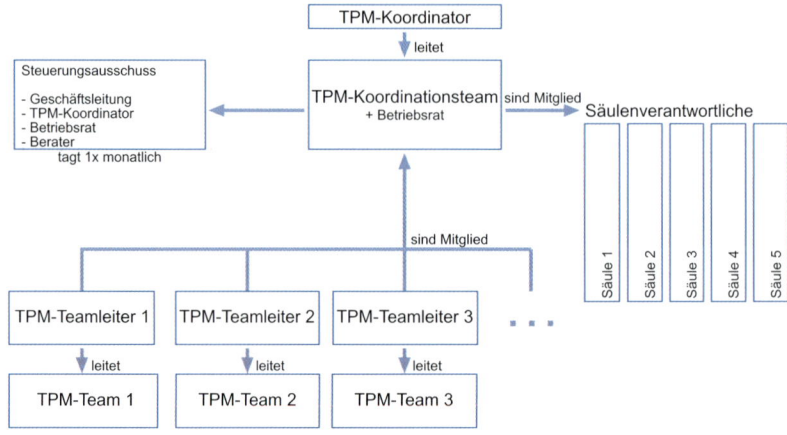

Abb. 37: Beispielhafter Aufbau einer TPM-Organisation

Praxis-Tipp  Jeder **Betriebsrat** hat im Regelfall ein vitales Interesse am Erfolg des Unternehmens und an sicheren, nicht gesundheitsgefährdenden und zukunftsfähigen Arbeitsplätzen. Die Skepsis der Betriebsräte beruht in der Regel auf dem Verdacht, dass die Aktivitäten zu einem kurzfristigen Abbau an Arbeitsplätzen führen und zu Arbeitsverdichtung für die Mitarbeiter. Es hat sich bewährt, den Betriebsräten einen Austausch mit Kollegen zu ermöglichen, die in einem Unternehmen tätig sind, dass in dem Prozess bereits einige Jahre voraus ist. Sehr sinnvoll ist es auch, Betriebsräten in den verschiedenen TPM-Teams konkrete Aufgaben anzubieten. In einigen Fällen sind Betriebsräte auch gleichzeitig Baustein-Champions, z.B. für den Baustein Arbeitssicherheit, Gesundheits- und Umweltschutz.

Hinweis  Besondere Bedeutung kommt naturgemäß der **Auswahl des TPM Koordinators** zu. Je nach dem zeitlichen Aufwand, den das Management für den TPM-Prozess bereitstellen kann, ist die Person des Koordinators möglicherweise entscheidend für den Erfolg des Programms, auf jeden Fall aber für die Geschwindigkeit, mit der sich der Erfolg einstellt. Besonders bewährt hat es sich, Personen einzusetzen, die sowohl technisch wie auch kaufmännisch denken und in der Lage sind, auf den unterschiedlichen Hierarchieebenen angemessen zu kommunizieren. Besonders hilfreich ist auch die Kenntnis der betroffenen Organisation. Das erzeugt in der Regel Akzeptanz innerhalb der gesamten Organisation. Intelligenz, Durchhaltevermögen, Belastbarkeit, Organisationstalent, ausgeprägte Aufgeschlossenheit für Neues sowie Kenntnisse im Projektmanagement und Change-Management runden das Profil des idealen Kandidaten ab. Ähnliches gilt – in eingeschränkter Form auch für die TPM Teamleiter.

Schritt 5:
Im fünften Schritt ist der sogenannte **TPM-Masterplan** aufzubauen. Dieser zeigt die geplanten Aktivitäten für die nächsten drei bis fünf Jahre auf. Darüber hinaus sind die Aktivitäten auf Jahre, Quartale und Monate herunter zu brechen. Spätestens in diesem Schritt sollte auch schon ein Pilotbereich für die TPM-Einführung festgelegt sein.

Schritt 6:
Jetzt erst erfolgt das **Kick-Off**. **Dadurch** wird der Startschuss für die TPM-Einführung gegeben. Alle Mitarbeiter, aber durchaus auch Kunden und Lieferanten, sollten in einer angemessenen Aktion über die TPM-Einführung informiert werden. Zum **Kick-Off** werden die Ziele des Programms vorgestellt, der Masterplan und die ersten Maßnahmen, mit denen der Veränderungsprozess startet. Besonderer Wert sollte in dieser Phase darauf gelegt werden, den Mitarbeitern nachvollziehbar zu erklären, **warum** man diesen Veränderungsprozess einführt und **warum** dieser Prozess für die Zukunft des Unternehmens und der Arbeitsplätze von so fundamentaler Bedeutung ist.

Schritte 7 bis 11
In dieser Phase, dem **Roll-Out**, werden über einen im Masterplan festgelegten Zeitraum die einzelnen TPM-Bausteine eingeführt. Häufig wird empfohlen, zunächst mit Schritt 7 ein System zur Steigerung der Produktionseffektivität mit den Bausteinen
- „Zielgerichtete, Kontinuierliche Verbesserung",
- Autonome Instandhaltung,
- Geplante Instandhaltung und
- Kompetenzmanagement

einzuführen.

Danach sollten dann nach und nach die weiteren Bausteine (Schritte 8-11) eingeführt werden. Nach der Erfahrung der Autoren sollte dies nicht dogmatisch gesehen werden. Vielmehr ist wichtig, Einführungsreihenfolge und –umfang aufgrund der individuellen

Gegebenheiten eines jeden Unternehmens festzulegen. Beispielsweise hat sich gezeigt, dass der Baustein „TPM in administrativen Bereichen" häufig auch gleich zu Beginn einer TPM-Einführung Sinn macht (wobei hier auch mit den größten Widerständen in der Belegschaft gerechnet werden muss). In jedem Fall sollte immer das Management **in den Roll-Out eingebunden werden**, z.B. bei der Einführung des Bausteines „Autonome Instandhaltung" bei der ersten Grundinspektion im Pilotbereich mit intensiver Beteiligung des Top-Managements.

Schritt 12:

In dieser Phase, der **Konsolidierung**, sind nun alle Bausteine des Veränderungs-Prozesses mit TPM eingeführt und werden jetzt kontinuierlich und nachhaltig im gesamten Unternehmen ausgebaut. Es ist jetzt die Aufgabe der Führungskräfte, den Verbesserungsprozess am Laufen zu halten und die ständig steigenden oder höher gesteckten Ziele zu erreichen. TPM sollte spätestens in dieser Phase auch auf die gesamte Supply-Chain ausgeweitet werden.

Bis eine TPM-Einführung die investierten Mittel wieder eingespart hat, vergehen mindestens 12 Monate, häufig bis zu drei Jahre. Die bisherigen Erfahrungen zeigen, dass Unternehmen, die diesen Veränderungs-Prozess ganzherzig und beständig betrieben haben, nach drei bis fünf Jahren das drei- bis fünffache der Investitionen zurückerhalten hatten. TPM eignet sich daher vorzugsweise für Unternehmen bzw. Führungskräfte, die bereit sind, langfristig zu denken und zu handeln. Wer nur auf die nächste Quartalsbilanz schaut, sollte besser die Finger von TPM lassen, denn Enttäuschungen sind in diesem Fall vorprogrammiert.

Praxis-Tipp

Nicht jeder ist in der Situation, einen solchen Prozess Top-Down starten zu können. Was können Sie dennoch tun, um von der vorgestellten Systematik zu profitieren oder einem solchen Prozess den Weg zu ebnen? Mit etwas Überlegung finden Sie sicher Möglichkeiten, einige der Werkzeuge und Vorgehensweisen erfolgreich einzusetzen. Mit dieser Vorarbeit können Sie es vielleicht erreichen, dass ein abgegrenzter Bereich als Pilotbereich entsteht. Wenn eine Führungskraft erlebt, dass TPM (selbst wenn man es nicht so nennt) in Ihrem Verantwortungsbereich erfolgreich ist, und ihr hilft, ihre Probleme zu lösen, bzw. erfolgreicher zu sein, haben Sie auf jeden Fall einen wichtigen Fürsprecher gefunden. Häufig ist es dann möglich, mit dem Besuch einiger erfolgreicher Unternehmen auch den Rest der Unternehmensleitung zu überzeugen. Auf jeden Fall werden Sie Verbündete und Erfolge benötigen. Wichtig zu erwähnen ist auch, dass über erste und weitere Erfolge, wie groß oder klein auch immer, kontinuierlich berichtet werden muss.

6.2 Erfolgsfaktoren einer TPM-Einführung

Bei der Einführung von TPM sollten einige Punkte beachtet werden, die den Erfolg des Vorhabens maßgeblich beeinflussen:

- Volle Unterstützung durch die Unternehmensleitung

- Bereitschaft der Unternehmensleitung, einen kontinuierlichen Verbesserungsprozess mit langem Return-on-Investment (ROI) einzuleiten, bei dem die Mitarbeiter ihr Wissen und Können einbringen, um nachhaltig und beständig die Wertschöpfung zu erhöhen

- Bereitschaft der Unternehmensleitung, massiv in Schulung und Ausbildung der Mitarbeiter zu investieren

- Verdeutlichung der Notwendigkeit für Wandel durch die Führungskräfte

- Erfolge messbar machen und breit kommunizieren

- Der Wille und die Fähigkeit, die Mitarbeiter stolz auf das Erreichte zu machen!

- Vor allen Dingen Geduld, Geduld und nochmals Geduld, denn ein Kulturwandel wie TPM braucht Zeit

Sicherlich ließe sich diese Liste noch lange weiterführen, aber die wichtigsten Punkte sind genannt. Die Autoren wünschen den Lesern viel Erfolg bei der Implementierung von Total Productive Management!

6.3 Ihr Lernerfolg aus diesem Kapitel

- Eine TPM-Einführung ist kein Projekt, sondern der Beginn einer Entwicklung ohne absehbares Ende

- Die Einführung von TPM gliedert sich in die vier Phasen Vorbereitung, Kick-Off, Roll-Out und Konsolidierung. Die Vorbereitung sollte besonders gewissenhaft durchgeführt werden

- Die wichtigsten Punkte für den Erfolg von TPM sind die volle Unterstützung durch die Unternehmensleitung und deren Bereitschaft, einen kontinuierlichen Verbesserungsprozess mit langem ROI einzuleiten, bei dem die Mitarbeiter ihr Wissen und Können einbringen, um nachhaltig und beständig die Wertschöpfung zu erhöhen

6.4 Übungsaufgaben zu diesem Kapitel

Aufgabe 1
Nennen Sie die vier Phasen einer TPM-Implementierung!

Aufgabe 2
Welches sind die wichtigsten Erfolgsfaktoren bei der Einführung von TPM?

7. Der Award for Operational Excellence

7.1 Allgemein

Veränderungs-Prozesse unterliegen im Allgemeinen einem weit verbreiteten Phänomen. Nach anfänglicher Begeisterung geraten sie über verschiedene Stufen ins Stocken, verlangsamen sich oder kommen gänzlich zum Erliegen.

Dieses Phänomen hat mit dem bereits geschilderten Problem der Zielsetzung zu tun. Und diesem Problem muss man auf den Grund gehen, um es zu beseitigen, oder, noch besser, es erst gar nicht aufkommen zu lassen. Ist ein Veränderungs-Prozess hauptsächlich durch Nahziele geprägt, die man in einem überschaubaren Zeitraum erreichen will, oder zu erreichen in der Lage ist, so fehlt den Beteiligten und Betroffenen die langfristige Perspektive.

Sind diese Nahziele alsbald erreicht, entsteht ein Gefühl der Leere. Die Beteiligten und Betroffenen fragen sich, wie es wohl weitergehen wird. An dieser Stelle gerät der Veränderungs-Prozess in große Gefahr, zum Stillstand zu kommen. Es fehlen die Fernziele, die sinnbringenden Ziele, die Vision oder der Nordstern, der den weiteren Weg weist.

An dieser Stelle möchten die Verfasser dieses Buches auf einen Weg hinweisen, der über lange Zeit hilft, den Veränderungs-Prozess aufrecht zu erhalten. Wir sprechen hier über den Prozess für den **„Award for Operational Excellence"**.

7.2 Der Beitritt zu einer „Champions League"

Heute mehr als je zuvor sind Unternehmen aufgefordert, ihre Wettbewerbsfähigkeit unter Beweis zu stellen. Dabei geht es nicht nur darum, die Wettbewerbsfähigkeit zu erhalten, sondern beständig zu erhöhen. Unternehmen oder auch andere Arten von Organisationen müssen als exzellent erkannt werden, zumindest für einen großen Teil ihrer Produkte oder Dienstleistungen.

Viele Unternehmen und Organisationen haben versucht, Exzellenz zu erreichen, zu erhalten bzw. auszubauen. TPM als Managementsystem hat vielen Unternehmen in der Zwischenzeit geholfen, diesen Weg zur Exzellenz zu gehen.

Das Centre of Excellence for TPM (CETPM), eine Einrichtung der Hochschule Ansbach, hat es sich zur Aufgabe gemacht, Unternehmen und Organisationen auf diesem Weg zu unterstützen und zu begleiten. Dies geschieht vor allen Dingen durch Weiterbildungsmaßnahmen, durch Publikationen und durch Veranstaltungen, die das TPM Know-How stärken und fördern.

Darüber hinaus bietet das CETPM einen einmaligen Prozess an, der es Unternehmen und Organisationen ermöglicht, ihren Veränderungs-Prozess zu unterstützen und das Bewusstsein daran hoch zu halten. Dazu vereinbaren Unternehmen und Organisationen mit dem CETPM Ziele ihres Verbesserungsprozesses über einen Zeitraum von mehreren Jahren. Diese Ziele sind der Rahmen für den Veränderungs-Prozess und werden auf den Gebieten Produktivität, Qualität, Kosten, Lieferservice und Bestände, Arbeitssicherheit, Gesundheits- und Umweltschutz und Motivation (PQCDSM) vereinbart. Durch Prozessbegleitung und Audits wird durch das CETPM der Stand der vereinbarten Ziele festgestellt. **Umfangreiche Checklisten bzw. Fragebögen**, die dem Unternehmen oder der Organisation helfen, im Laufe des Prozesses **Eigenaudits** durchzuführen, stehen über das CETPM kostenfrei zur Verfügung.

Bei entsprechenden Erfolgen, können die Unternehmen und Organisationen einen Award durch das CETPM beantragen. Dieser Award wird in den drei Kategorien Bronze, Silber und Gold verliehen. Tritt man als Unternehmen oder Organisation diesem Award-Prozess bei, so wird der Veränderungsprozess durch das CETPM über 6-7 Jahre begleitet. Dies ist wie die Teilnahme an einer „Champions League" und hat ausgesprochen positiven Einfluss auf die Mitarbeiter und Führungskräfte im Unternehmen. Die Mitarbeiter, auf der einen Seite, entwickeln sehr schnell den Ehrgeiz, den ersehnten Preis am Ende des betreffenden Zeitabschnitts zu erreichen, da ihr sportlicher Ehrgeiz geweckt ist. Dies hilft, auf der anderen Seite, den Führungskräften, den Veränderungs-Prozess am Leben zu erhalten, denn er ist mit einer externen Begleitung verbunden, die von Zeit zu Zeit allen Beteiligten und Betroffenen immer wieder den Spiegel vor Augen hält und Hilfestellung leistet, das Fernziel nicht aus den Augen zu verlieren. Dadurch wird bei Erreichung der Nahziele nicht das Gefühl der Leere aufkommen, denn es gibt Fernziele, die darüber hinaus immer noch zu erstreben sind.

Zu den wichtigsten **Vorteilen des Awardprozesses** zählen:

- Sicherstellung der Nachhaltigkeit des Verbesserungsprozesses
- Neutrale, unabhängige Außensicht auf die Verbesserungsaktivitäten
- Unterstützung des Managements bei der Umsetzung des Verbesserungsprozesses
- Definition und Verfolgung eines langfristig gültigen Zielsystems
- Wecken des Ehrgeizes der Mitarbeiter
- Möglichkeit der internen Vergleiche
- Nutzung des Know-hows der Auditoren

Richtlinien, Anforderungen und Voraussetzungen für diesen Prozess zum „Award for Operational Excellence" sind im Internet unter www.operational-excellence.de abrufbar.

Die nachfolgenden Abbildungen zeigen einige Szenen aus Audits und der Verleihung von Operational Excellence Awards.

Abb. 38: Szenen aus Audits für den Award for Operational Excellence

Abb. 39: Verleihung des Award for Operational Excellence

8. TPM-Fotos, -Formulare und -Unterlagen

8.1 Beispiel für eine OEE-Aktivitätentafel

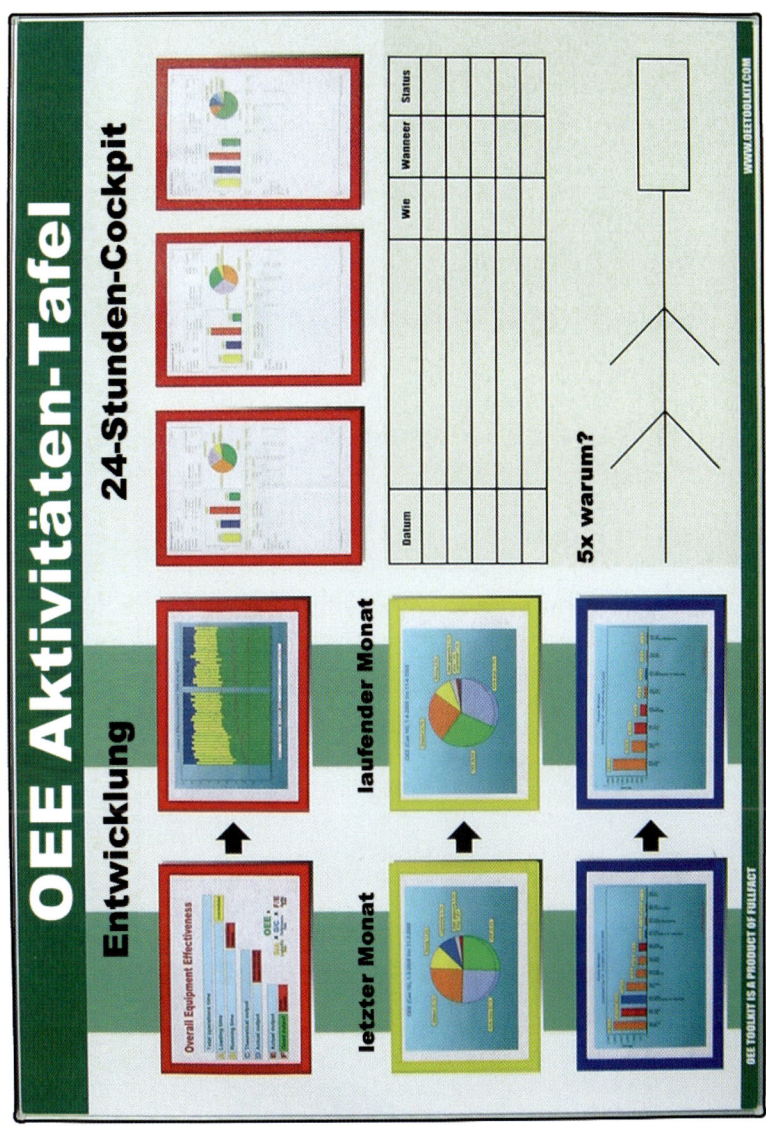

Quelle: Koch 2008, S. 84.

8.2 Beispiele für Mängelkarten

Lfd. Nr.: _____

TPM — TEAMS PLANEN + MACHEN

Maschine: _____
_____

Problembeschreibung: _____
_____
_____
_____
_____

Name: _____

☐ Team   ☐ Elektriker   ☐ Schlosser

TPM **Verbesserungen**

FL: _____   **Masch.:** _____

Datum: _____

Teil: _____
_____

Baugr.: _____

Was: _____
_____
_____

Priorität: ○ niedrig   ○ mittel   ○ hoch

Name: _____   **OSRAM**

8.3 Formblatt zur 5W1H-Analyse

Maschine		PROBLEM:		
Maschinennummer				
Verlusttyp (Zutreffendes ankreuzen!)	Chronischer Verlust ☐		Sporadischer Verlust ☐	
Fragen zu 5 W 1 H	Detailbeschreibung des Phänomens			Zahlen, Daten, Fakten
1. W **WAS:** *Bei welchem Produkt wurde das Problem erkannt?*				
2. W **WANN:** *Wann trat das Problem auf?*				
3. W **WO:** *An welchem Teil, Ort trat das Problem auf?*				
4. W **WER:** *Hat das Problem mit Fertigkeiten zu tun?*				
5. W **WELCHE/-r/-s:** *Zeigt das Problem einen Trend?*				
1. H (Wie) **WIE:** *Wie ist die Abweichung gegenüber Normal?*				
Zusammenfassung des Phänomens				

8.4 Formblatt zur N5W-Analyse

Formblatt für die N5W-Analyse

1. Warum	2. Warum	3. Warum	4. Warum	5. Warum
Begründung / Aktion	Begründung / Aktion	Begründung / Aktion	Begründung / Aktion	Begründung / Aktion
Begründung / Aktion	Begründung / Aktion	Begründung / Aktion	Begründung / Aktion	Begründung / Aktion
Begründung / Aktion	Begründung / Aktion	Begründung / Aktion	Begründung / Aktion	Begründung / Aktion
Begründung / Aktion	Begründung / Aktion	Begründung / Aktion	Begründung / Aktion	Begründung / Aktion
Begründung / Aktion	Begründung / Aktion	Begründung / Aktion	Begründung / Aktion	Begründung / Aktion
Begründung / Aktion	Begründung / Aktion	Begründung / Aktion	Begründung / Aktion	Begründung / Aktion

Problem: ☐

8.5 Checkliste zur Durchführung einer Grundinspektion

Thema	Was ist zu tun?	Status
Sicherheit	Mögliches Gefahrenpotential der Grundinspektion auflisten.	
	Notwendige Sicherheitsmaßnahmen erarbeiten. (Schutzanzug, Drucklos schalten der Anlage, Stromlos schalten, Leitern, Steighilfen, Schutzbrillen, Handschuhe, Sicherheitsschuhe etc.)	
	Gegebenenfalls Rücksprache mit dem Sicherheitsingenieur halten.	
Reinigung	Erstellen eines Reinigungsplans für die Grundinspektion	
	Wer reinigt was und wie lange?	
	Was wird womit gereinigt? Welche Reinigungsmittel kommen zum Einsatz?	
	Wie viel Reinigungsmittel und Reinigungsutensilien und Hilfsmittel werden benötigt? Sind Abfallbehälter vorhanden?	
	Vorläufigen Reinigungsplan für die Zeit nach der Grundinspektion vorbereiten (falls nicht vorhanden).	
Schmierarbeiten	Erstellen eines Schmierplans (falls nicht vorhanden).	
	Was muss abgeschmiert werden?	
	Welche Schmiermittel kommen zum Einsatz?	
	Wer schmiert ab?	
Schraubverbindungen	Welche Schraubverbindungen müssen überprüft werden?	
	Wer überprüft die Schraubverbindungen?	
	Wie sollen lose Schraubverbindungen markiert werden? (Wandermarke)	
Material	Flip-Chart(s) oder Formulare und Stifte für Aufschreibungen.(1. Mängelliste; 2. Schwer zu Reinigende oder schwer zugängliche Stellen; 3. Zu schmierende Punkte, die nicht im Schmierplan enthalten sind)	
	Mängelkärtchen in ausreichender Stückzahl und Befestigungsmaterial	
	Kommt bereits eine Mängeltafel zum Einsatz?	
	Welche Werkzeuge werden benötigt?	
	Bereitstellung von Getränken	
	Digitalkamera zur Dokumentation.(Genehmigung notwendig?)	
Organisation	Welche Anlage soll inspiziert werden?	
	Wann steht die Anlage zur Verfügung?(Datum, Zeitraum)	
	Wurde die Aktion genehmigt?	
	Wie viel Personal ist notwendig?	
	Wer wird als zusätzliche Hilfe eingeladen?	
	Steht ausreichend technisches Personal zur Verfügung?	
	Wer übernimmt wofür die Verantwortung? (Sicherheit, Materialbeschaffung, Nahrungsmittel, Einladungen, Begrüßung/Einweisung, Dokumentation/Aufschreibungen, Fotos, Erstellen von Formularen/Listen, Werkzeugbereitstellung, etc.)	
	Soll eine(oder mehrere) gemeinsame Pause(n) organisiert werden?	
	Sind alle beteiligten Personen geschult oder soll z.B. kurz vorher eine Kurzschulung für die Gäste durchgeführt werden?	

Quelle: Schleuter 2006

8.6 Beispiel für Reinigungsplan

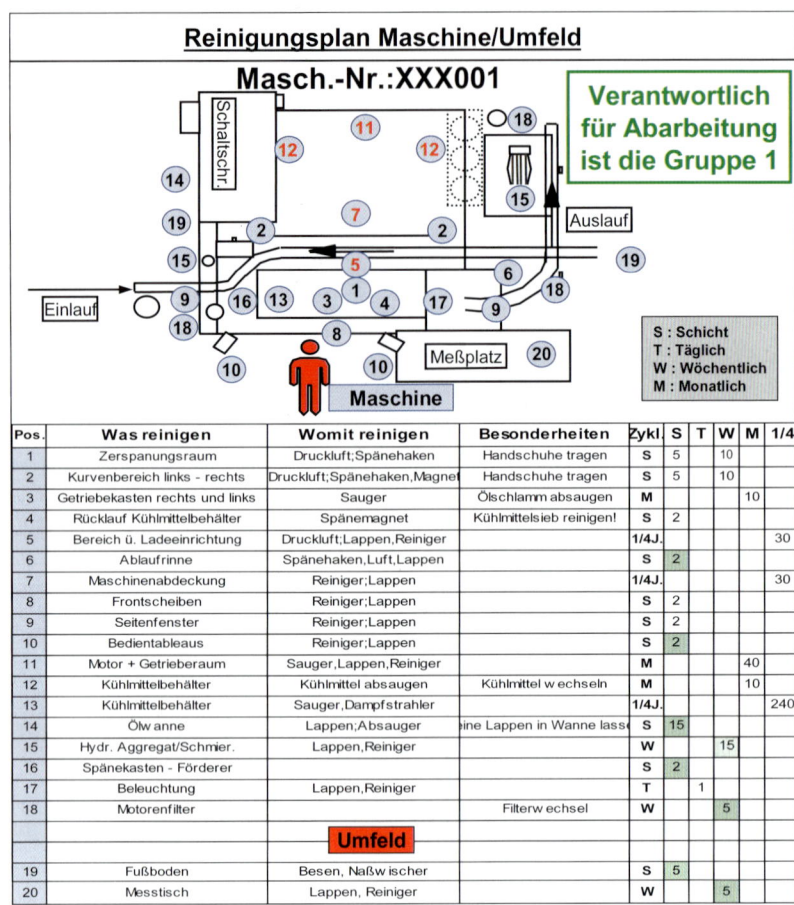

Quelle: Schleuter 2006

8.7 5S-Auditformular

	5-S-Auditformular	

Abteilung:	Bereich:
Auditdatum:	Auditor(en):

Kategorie	Anforderung	Punkte (0-5)	ggf. Bemerkung des Auditors
Sortiere (Seiri)	**Behalte nur das Notwendige / Wichtige**		
	Wird der Arbeitsplatz regelmäßig überprüft, ob sich unnötige Dinge angesammelt haben ?		
	Sind alle unnötigen Dinge mit Roten Karten versehen worden ?		
	Ist klar festgelegt, wie über die endgültige Beseitigung von Gegenständen entschieden wird ?		
	Sind die Zustände vor und nach dem Sortieren festgehalten worden ?		
Setzen (Seiton)	**Ein Platz für alles und alles auf seinem Platz**		
	Sind Laufwege und Arbeitsbereiche klar ausgeschildert ?		
	Gibt es für jedes Ding einen optisch markierten Platz ?		
	Ist jedes Ding auf seinem zugehörigen Platz ?		
	Ist es einfach zu sehen, wo was hingehört und wie viel davon nötig ist ?		
Säubern (Seiso)	**Sauberkeit als Normalzustand etablieren**		
	Ist der Arbeitsplatz frei von Verschmutzung ?		
	Sind Reinigungsmittel in dem Bereich gut zugänglich ?		
	Sind die Verantwortlichkeiten für die Reinigung klar definiert ?		
	Ist die Reinigung einfach und schnell durchzuführen ?		
Standardisieren (Seitketsu)	**Problemvermeidung durch Standardisierung**		
	Wurden Reinigungsstandards (=Reinigungspläne) u. ggf. weitere Standards erstellt ?		
	Sind vom Mitarbeiter abzuzeichnende Checklisten für die Einhaltung der Standards vorhanden ?		
	Wird die Einhaltung der Standards erleichtert durch visuelle Hilfsmittel ?		
	Werden bestehende Standards regelmäßig überprüft und ggf. optimiert ?		
Selbstdisziplin (Shitsuke)	**Selbstverpflichtung und Selbstkontrolle fördern**		
	Sind Verantwortlichkeiten verteilt worden?		
	Werden Dinge nach dem Gebrauch an ihren vorgesehenen Platz zurück gebracht ?		
	Werden die Reinigungspläne/Standards von jedem eingehalten ?		
	Werden regelmäßig Selbstaudits durchgeführt ?		

8.8 Auditformulare zur Autonomen Instandhaltung Stufe 1-3

	Auditformular zur Selbstständigen Instandhaltung	**Stufe 1**

Abteilung: **Anlage:**   **Zone:**

Auditdatum: **Auditor:**

Nr.	Anforderung	Punkte (0-10)	ggf. Bemerkung des Auditors
1.1	Wie sauber ist die gesamte Anlage (incl. Teilaggregate wie Pumpen, Motore, Leimgeräte,...) nach einer üblichen Reinigung?		
1.2	Macht auch das Umfeld der Maschine einen aufgeräumten und sauberen Eindruck (Fußboden sauber und trocken, Werkzeuge u. Messgeräte einwandfrei,..)?		
1.3	Sind alle oft benötigten – und in einer Checkliste aufgeführten - Werkzeuge, Vorrichtungen, Hilfsmittel und dgl. direkt am Arbeitsplatz verfügbar?		
1.4	Sind alle nur selten oder gar nicht benötigten Werkzeuge, Vorrichtungen, Hilfsmittel und dgl. vom Arbeitsplatz und Umfeld entfernt?		
1.5	Werden Abnormalitäten mit Roten Karten gekennzeichnet, in einer Abnormalitätenliste schriftlich festgehalten und zügig beseitigt?		
1.6	Funktioniert die Schmierung einwandfrei (richtige Menge an Schmiermittel, keine Leckstellen, kein altes Öl oder Fett,...)?		
1.7	Sind die wesentlichen Probleme und Anlagenverluste (Störungen, Rework, Rüst-/Reinigungszeiten, Packmittel-/Energieverluste,...) lokalisiert, zahlenmäßig erfasst u. wurden Ziele für die Zukunft gesetzt?		
1.8	Wurden schwer zugängliche Bereiche und Verschmutzungsquellen in einer Kaizen-Liste festgehalten und sind hierzu Gegenmaßnahmen geplant?		
1.9	Sind alle Mitarbeiter bezüglich der TPM -Theorie geschult worden und haben sie die wesentlichen Grundlagen verstanden?		
1.10	Gibt es regelmäßige Teamaktivitäten (z.B. Team-Besprechungen, gemeinsame Aktionen an der Linie,...) und nehmen alle Mitarbeiter daran teil?		
	Ziel: mind. 85 Punkte Summe:		

	Auditformular zur Selbstständigen Instandhaltung	**Stufe 2**

Abteilung: **Anlage**:   **Zone**:

Auditdatum: **Auditor**:

Nr.	Anforderung	Punkte (0-10)	ggf. Bemerkung des Auditors
2.1	Konnte der in Stufe 1 erreichte Zustand der Anlagen erhalten bzw. verbessert werden ?		
2.2	Wurden Gegenmaßnahmen eingeleitet, um die in einer KAIZEN-Liste festgehaltenen schwer zugänglichen Bereiche der Anlage zu verbessern und sind die bereits erzielten Ergebnisse dokumentiert ?		
2.3	Wurden Verbesserungen umgesetzt, um die in einer KAIZEN-Liste festgehaltenen Verschmutzungsquellen der Anlage zu beseitigen und sind die Ergebnisse hierzu dokumentiert ?		
2.4	Sind auch im Umfeld der Anlage befindliche schwer zugängliche Bereiche und Verschmutzungsquellen in einer KAIZEN-Liste festgehalten, wurden hierzu Gegenmaßnahmen umgesetzt u. die Ergebnisse dokumentiert ?		
2.5	Wurden um die wesentl. Probleme und Anlagenverluste (Störungen, Rework, Rüst-/Reinigungszeiten, Packmittel-/Energieverluste,...) zu minimieren erste Verbesserungen umgesetzt und die erzielten Ergebnisse dokumentiert ?		
2.6	Sind alle Schmierstellen gemäß Schmierplan mit entsprechenden Aufklebern markiert, damit jeder Mitarbeiter die Schmierung ohne großen Zeitaufwand durchführen kann ?		
2.7	Ist die Inspektion vereinfacht worden (z.B. Plexiglas, schneller zu entfernende Verkleidung,...) ?		
2.8	Konnte der Zeitaufwand für Reinigung, Schmierung und Inspektion insgesamt deutlich verringert werden und sind die erzielten Ergebnisse zumindest in einfacher Form schriftlich belegbar ?		
2.9	Wie gut funktioniert Kaizen (machen Teammitglieder Vorschläge zur Verbesserung der Anlage, werden die Vorschläge zügig umgesetzt) ?		
2.10	Beteiligen sich alle Mitarbeiter (Produktion & Werkstatt) intensiv an den AVP-Aktivitäten ?		

Ziel: mind. 85 Punkte   Summe:

	Auditformular zur Selbstständigen Instandhaltung	**Stufe 3**

Abteilung:	**Anlage**:	**Zone**:
Auditdatum:	**Auditor**:	

Nr.	Anforderung	Punkte (0-10)	ggf. Bemerkung des Auditors
3.1	Konnte der in Stufe 1 und 2 erreichte Zustand der Anlagen erhalten bzw. verbessert werden ?		
3.2	Wurden anlagenspezifische Standards (Aktivitäten, Intervalle, Hilfsmittel, Methoden, Verantwortlichkeiten, entsprechende Aufkleber direkt an der Anlage) für Reinigung, Schmierung und Inspektion erstellt ?		
3.3	Wird die Einhaltung der Standards durch Checklisten sicher gestellt, in denen die Mitarbeiter bereits erledigte Arbeiten abzeichnen ?		
3.4	Sind die Standards direkt an der Anlage verfügbar und ist der Inhalt für jeden Mitarbeiter einfach zu verstehen ?		
3.5	Ist der Lagerort für Schmiermittel definiert und befindet sich dieser in einem ordentlichen und sauberen Zustand ?		
3.6	Sind die zur Schmierung erforderlichen Hilfsmittel (Fettpresse, Ölkanne,...) für den Maschinenfahrer jederzeit verfügbar ?		
3.7	Wird visuelles Management an der Anlage benutzt, um Abweichungen vom Soll-Zustand der Anlage einfach u. schnell zu erkennen (Ölstand, zul. Druckbereiche, optim. Einstellungen, Ventilstellungen, Rohrleitungsinhalt,...) ?		
3.8	Ist das Umfeld der Anlage durch visuelle Organisationshilfen gut strukturiert (Palettenstellplätze markiert, Soll-Aufbewahrungsort von Werkzeugen u. Hilfsmitteln gekennzeichnet) ?		
3.9	Sind zahlreiche Einpunktlektionen erstellt und direkt am Arbeitsplatz verfügbar, um die Einhaltung der Standards allen Mitarbeitern zu ermöglichen bzw. zu vereinfachen ?		
3.10	Werden die aufgestellten Standards regelmäßig von den Mitarbeitern gepflegt (Anpassung an Änderungen, Optimierungen entsprechend den gemachten Erfahrungen) ?		
Ziel: mind. 85 Punkte		Summe:	

8.9 OEE-Erfassungsblatt

8.10 Fischgrät-Diagramme

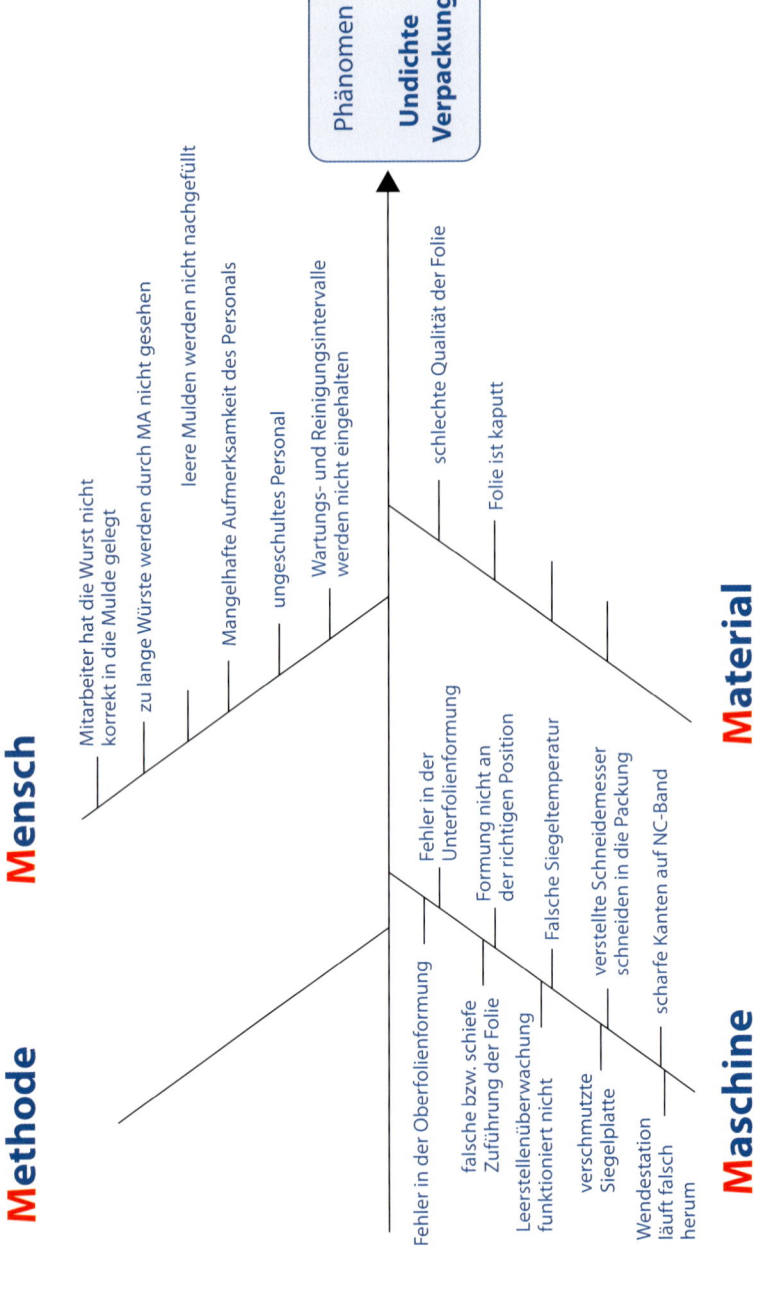

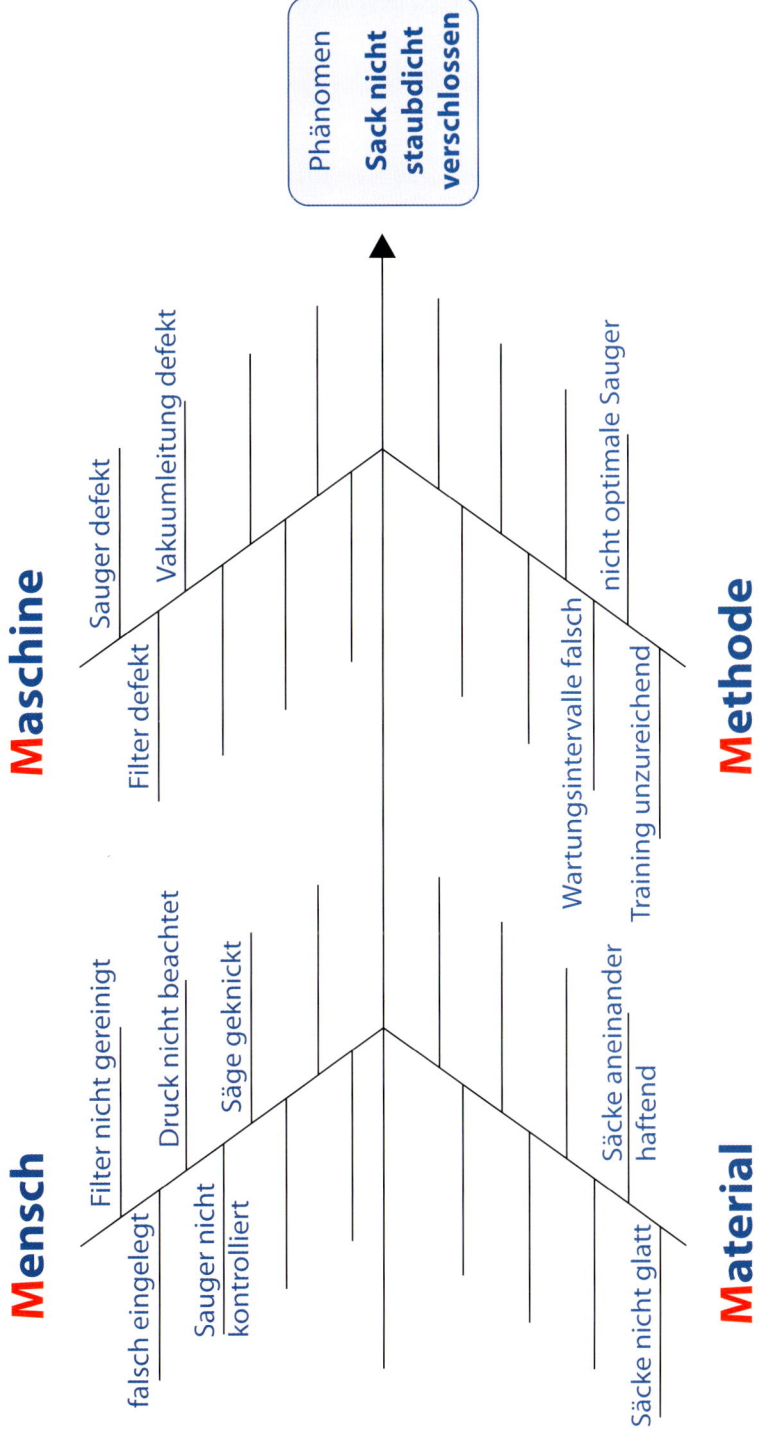

Musterlösungen zu den Übungsfragen

Kapitel 1: Einführung in TPM

Lösung 1
Total Productive Management wird dem Konzept am ehesten gerecht.

Lösung 2
Zielgerichte, kontinuierliche Verbesserung, Autonome Instandhaltung, Geplante Instandhaltung, Kompetenzmanagement, Anlaufmanagement, Qualitätserhaltung, TPM in administrativen Bereichen, Arbeitssicherheit, Gesundheits- und Umweltschutz.

Lösung 3
Verpflichtung des Managements, Hoshin Kanri, Genba Kanri, Eigenverantwortung der Mitarbeiter, funktionsübergreifende Teamarbeit, Standardisierung und Visualisierung.

Lösung 4
Produktivität (P), Qualität (Q), Kosten (C steht für „Cost"), Lieferservice (D steht für „Delivery"), Sicherheit/Umwelt (S) und Motivation (M).

Kapitel 2: Grundlegende Bausteine von TPM

Lösung 1
Verluste, die die Effizenz der Produktionseinrichtungen beeinträchtigen:
Anlagenausfälle, Rüsten und Einstellen, Werkzeugwechsel, Anfahrverluste, Kurzstillstände und Leerlauf, Geschwindigkeitsverluste, Ausschuss und Nacharbeit. Die achte Verlustart „Geplante Stillstände" reduziert die zur Verfügung stehende Produktionszeit.
Verlustarten, die die Effizenz der menschlichen Arbeite beeinträchtigen:
Managementverluste, Verluste durch Bewegung, Verluste durch falsche Linienorganisation, Verluste durch suboptimale Logistik, Verluste durch Messen und Einstellen.
Die letzten drei Verlustarten verhindern die effiziente Nutzung der Produktionsressourcen: Ausbeuteverluste, Energieverluste, Verluste durch Formen, Vorrichtungen und Werkzeuge
(Siehe auch Abbildung 2)

Lösung 2
Die genannten Kennwerte sind zu multiplizieren:
0,80 x 0,95 x 0,98 = 0,74 - Die OEE beträgt in diesem Beispiel 74 %.

Lösung 3
Für den Start im Baustein Autonome Instandhaltung hat sich die Durchführung einer Grundinspektion bewährt. Dabei sollten Führungskräfte und Mitarbeiter aus verschiedenen Abteilungen beteiligt sein.

Lösung 4
Durch die Einführung von TPM wird die Instandhaltungsabteilung nicht weniger bedeutsam. Es werden vielmehr Freiräume geschaffen, um nicht mehr nur Instandsetzungsarbeiten sondern echte Instandhaltung zu betreiben. Zu den Aufgaben gehören dann insbesondere:
- Wartungen mit Spezialwerkzeugen,
- Inspektionen mittels aufwendiger Messgeräte,
- Zeitaufwendige Überholungen (Shut-Down Maintenance),
- Instandhaltungsmaßnahmen mit hoher Anforderung an die Arbeitssicherheit (z. B. Elektrik, Chemie).

Lösung 5
Standardisierung von Arbeitsabläufen ist die Voraussetzung für einen ständigen Verbesserungsprozess. Dies ist besonders wichtig, wenn die Arbeitsabläufe im Mehrschicht-Betrieb erfolgen. Es muss durch Standardisierung sichergestellt sein, dass alle Mitarbeiter die Arbeitsabläufe gleichartig (also standardisiert) verrichten.

Lösung 6
Durch Schulungen sollen fachliche, methodische und soziale Kompetenzen vermittelt werden.

Lösung 7
Durch die Schulung der drei Kompetenzfelder entwickelt der Mitarbeiter Schritt für Schritt Handlungs- und Umsetzungskompetenz.

Kapitel 3: Weiterführende TPM-Bausteine

Lösung 1
Die 8er-Methode dient insbesondere der Beseitigung chronischer Verluste. Bei der Durchführung wird zunächst der linke Kreis der

Zustandsaufrechterhaltung durchlaufen und dann ggf. in den rechten Kreis der Verbesserung gewechselt. Nach Beseitigung des Fehlers kann wieder zurück in den Kreis der Zustandsaufrechterhaltung gesprungen werden. Die sieben Schritte der 8er-Methode werden so oft durchlaufen, bis auch der letzte Mangel behoben ist, daher kann man die liegende Acht auch als mathematisches Symbol für „unendlich" interpretieren. In den einzelnen Schritten der 8er-Methode sind folgende Aktivitäten auszuführen: 1. Erfassen des Ist-Zustandes, 2. Wiederherstellen des Soll-Zustandes, 3. Ursachenanalyse, 4. Beseitigung der Ursachen, 5. Standards definieren, 6. Standards überwachen & Trendanalyse, 7. Standards optimieren.

Lösung 2
Die erfolgreiche Implementierung des TPM-Bausteins Anlaufmanagement hängt insbesondere von leistungsfähigen, bereichsübergreifenden Teams, einem systematischen Vorgehen und einem effizienten Informationsfluss zwischen den Abteilungen Entwicklung, Konstruktion, Produktion, Qualitätssicherung und Instandhaltung ab.

Lösung 3
Statistisch ist festgestellt worden, dass ca. 70 % der Probleme, die während oder nach der Inbetriebnahme auftreten, aus der Design-Phase stammen.

Lösung 4
Das ist nur zum Teil korrekt. Der Verbesserungs-Prozess beginnt zwar auch hier mit einer 5S-Aktion, aber viele Unternehmen verwenden zu viel Energie auf Ordnung und Sauberkeit im Büro, was zum Nachlassen der Motivation bei den beteiligten Mitarbeitern führen kann. Die 5S-Aktion ist nur der Beginn des Verbesserungs-Prozesses. Aber die entscheidenden Verbesserungen werden durch die Analyse aller Geschäftsprozesse erreicht, bei der die Anwendung von Makigami beste Erfolge dadurch erzielt, dass diese Prozesse sichtbar gemacht werden und dadurch Verluste und Verschwendungen eliminiert werden können.

Lösung 5
Der Hauptaspekt, um bei Arbeitssicherheit, Gesundheits- und Umweltschutz nachhaltige Fortschritte zu erzielen ist es, im Bewusstsein der Führungskräfte zu verankern, dass diese Dinge in ihren Bereichen, ihre Mitarbeiter betreffend, zu ihrer Führungsverantwortung gehören.

Lösung 6
Die sensiblen Themen, die sehr häufig die privaten Bereiche von Mitarbeitern betreffen, sollten nicht von den direkten Vorgesetzten behandelt werden. Hier hat es sich als vorteilhaft gezeigt, wenn Betriebsratsmitglieder, die das Vertrauen der Mitarbeiter haben, sich um diese Bereiche kümmern.

Kapitel 4: Die wichtigsten TPM-Werkzeuge

Lösung 1
- 5W-Analyse
- 5W1H-Analyse
- N5W-Analyse
- Paretodiagramm
- Fischgrätdiagramm
- 5S (5A) – Kampagne
- Taktzeitdiagramm
- ECRS – Analyse
- 8er – Methode
- QM – Matrix
- Makigami
- PM – Analyse
- Verlustkostenbaum

Lösung 2
Die N5W-Analyse wurde aus der 5W-Analyse heraus entwickelte. Mit ihr können Phänomene untersucht und Ursachen gefunden werden. Die N5W-Analayse zwingt die Bearbeiter, jeder der möglichen Ursachen für ein Problem nachzugehen.

Lösung 3
Die Pareto-Analyse zeigt deutlich die Prioritäten der Probleme an. Damit hilft sie, sich auf die Hauptprobleme zu konzentrieren, deren Beseitigung das größte Verbesserungspotenzial beinhaltet. So können Probleme in der Reihenfolge ihrer Wichtigkeit abgearbeitet werden.

Lösung 4
Mensch, Maschine, Material, Methode und Mitwelt (auch Milieu oder Umfeld genannt).

Lösung 5
Bei und besonders nach einer 5S-Aktion ist vorbildliches Führungsverhalten erforderlich, um die Selbstdisziplin der Mitarbeiter zu unterstützen.

Lösung 6
Die Nachhaltigkeit von 5S-Aktionen wird durch wiederholte Audits sichergestellt.

Lösung 7
Es hat sich bewährt, Audits in 3 Stufen durchzuführen. In der Stufe 1 auditieren sich die Mitarbeiter selbst. In der Stufe 2 wird das Audit von dem direkten Vorgesetzten durchgeführt. In der Stufe 3 wird das Audit von der hierarchisch gesehen höchsten Führungskraft im Unternehmen oder im Werk durchgeführt. Wird auch die Stufe 3 bestanden, wird die Erreichung der betreffenden Stufe offiziell erteilt. Dies sollte visuell an der Maschine oder Anlage sichtbar werden.

Kapitel 5: TPM und Führung

Lösung 1
Veränderungs-Prozesse brauchen in hohem Maße eine entsprechende Führung. Ohne einen geführten Veränderungs-Prozess kann beständige und nachhaltige Veränderung nur schwer erreicht werden.

Lösung 2
Das Wissen und Können im Unternehmen steckt nicht in Datenbanken oder Archiven, sondern in den Köpfen der Mitarbeiter.

Lösung 3
Der freiwillige und ständige Einsatz von Wissen und Können scheitert vor allen Dingen daran, dass über 80% der Mitarbeiter ihren Beruf bzw. ihre Aufgabe nur als Mittel zum Zweck sehen.

Lösung 4
Der entscheidende Schlüssel zur Motivation von Mitarbeitern ist die eigene Überzeugung, dass die Ziele des Veränderungs-Prozesses Sinn machen. Diese Überzeugung muss durch die Führungskräfte auf die Mitarbeiter transferiert werden. Dazu müssen die Führungskräfte selbst überzeugt sein.

Lösung 5
Die motivations-typischen Einstellungen der Mitarbeiter kann man in folgende 5 Typen einteilen: Streben nach Unabhängigkeit, Streben nach Vertrauen, Streben nach sozialer Anerkennung, Streben nach Selbstachtung und Prinzipien und das Streben nach Sicherheit und Geborgenheit.

Lösung 6
Management by: Information, Objectives, Delegation, Cooperation und Results.

Lösung 7
Die Reihenfolge entspricht der Aufzählung unter Lösung 6. Informiert man Mitarbeiter ausreichend und immer wieder über den Verlauf des Veränderungs-Prozesses, sind die Ziele und Kennzahlen bekannt, führt man Mitarbeiter Schritt für Schritt an mehr Selbstständigkeit heran und schafft eine Vertrauenskultur, dann kann man sicher sein, dass Mitarbeiter mehr und mehr unternehmerischer handeln und damit die erwünschten Resultate erzielt werden.

Lösung 8
In dem neuen Führungsmodell agiert die Führungskraft situationsbezogen als Trainer, Coach und Motivator.

Lösung 9
In der neuen Führungskultur gibt ein Fehler nicht mehr den Anlass, jemanden oder eine Gruppe zu bestrafen, sondern wird als Chance gesehen, gemeinsam daraus zu lernen.

Lösung 10
Menschen sind bereit im Veränderungs-Prozess Opfer zu bringen, wenn sie wissen, warum dieser Prozess stattfinden muss, wie lange er wahrscheinlich dauern wird, wie stark sie eingebunden sind und Einfluss haben, wenn sie einen persönlichen Nutzen erkennen können, wenn sie sehen, dass auch andere (besonders auch Führungskräfte) Opfer bringen, und wenn sie erkennen, dass der neue Weg zu ihren neuen Aufgaben zählt und keine Auswege oder Schlupflöcher geboten werden.

Lösung 11
Die Bereitschaft zu unternehmerischem Handeln wird dadurch geför-

dert, dass es ein Angebot von Sicherheit und Geborgenheit gibt, dass die Wertschätzung und Selbstachtung gefördert wird, dass es soziale Anerkennung gibt, dass eine Vertrauenskultur aufgebaut wird, und dass die Eigenverantwortlichkeit ermöglicht und gefördert wird.

Lösung 12
Eine neue Arbeitskultur erhält man, wenn man zunächst die Bedingungen und das Verhalten ändert. Damit ändern sich Schritt für Schritt die Verhältnisse. Am Ende dieses Prozesses erreicht man eine veränderte Arbeitskultur.

Kapitel 6: Vorgehensweise zur erfolgreichen Einführung von TPM

Lösung 1
Vorbereitung, Kick-Off, Roll-Out und Konsolidierung.

Lösung 2
Eine TPM-Einführung ist ein komplexer Prozess, der in jedem Unternehmen etwas anders abläuft. Immer wichtig sind jedoch:

- Die Bereitschaft der Unternehmensleitung einen kontinuierlichen Verbesserungsprozess mit langem ROI einzuleiten, bei dem die Mitarbeiter ihr Wissen und Können einbringen, um nachhaltig und beständig die Wertschöpfung zu erhöhen
- Die Bereitschaft der Unternehmensleitung massiv in Schulung und Ausbildung der Mitarbeiter zu investieren
- Die Verdeutlichung der Notwendigkeit für Wandel durch die Führungskräfte
- Das Messbarmachen der Erfolge, die dann breit kommuniziert werden sollten
- Das Heranziehen von stolzen Mitarbeitern
- Und nicht zuletzt viel Geduld, denn Veränderungsprozess benötigen Zeit

Literatur- und Quellenverzeichnis

Al-Radhi, M.: Total Productive Management. Erfolgreich produzieren mit TPM. München, Wien 2002.

Blom Product Development Team: Schnellrüsten. Auf dem Weg zur verlustfreien Produktion mit Single Minute Exchange of Die (SMED), Ansbach 2007.

Csikszentmihalyi, M.: Das flow-Erlebnis. Jenseits von Angst und Langeweile im Tun aufgehen. 8. Aufl., Stuttgart 2000.

Cube, F.: Lust an Leistung. Die Naturgesetze der Führung, 13. Aufl., München/Zürich 2005.

Cube, F.: Fordern statt verwöhnen. Die Erkenntnisse der Verhaltensbiologie in der Erziehung. 16. Aufl., München/Zürich 2007.

De Groot, M.; Teeuwen, B.; Tielemans, M.: KVP im Team. Zielgerichtete betriebliche Verbesserungen mit Small Group Activity (SGA), Ansbach 2008.

Glahn, R.: World Class Processes - Rendite steigern durch innovatives Verbesserungsmanagement – oder wie Sie gemeinsam mit Ihren Mitarbeitern betriebliche Prozesse auf Weltklasseniveau erreichen, Ansbach 2007.

Greif, M.: The Visual Factory. Building Participation Through Shared Information, Portland 1991.

Hartmann, E.H.: TPM. Effiziente Instandhaltung und Maschinenmanagement, 2. Auflage, Frankfurt/Main 2001.

JIMP-S: What is TPM? verfügbar: http://tpm.jipms.jp/tpm/index.html (Zugriff am 9.9.2009).

Koch, A.: OEE für das Produktionsteam. Das vollständige OEE-Benutzerhandbuch - oder wie Sie die verborgene Maschine entdecken, Ansbach 2008.

Leikep, S.; Bieber, K.: Der Weg. Effizienz im Büro mit Kaizen-Methoden. Norderstedt 2004.

May, C.: Operational Excellence – Mit TPM zu Weltklasseformat, in: ZWF, 102. Jg. (2007), S. 479-483.

May, C.; Koch, A.: Overall Equipment Effectiveness. Werkzeug zur Produktivitätssteigerung, in: ZUb, Heft 6/2008, S. 245-250.

Nakajima, S.: Management der Produktionseinrichtungen. Frankfurt/Main, New York 1995.

Nakajima, S.: The principles and practice of TPM. Vortrag auf der CETPM-Japantour am 27.11.2006, Tokyo 2006.

Schleuter, U.: Unterlagen zum TPM-Instruktorkurs des CETPM im November 2006.

Shingo, S.: Umrüsten in der Variantenfertigung. Das japanische SMED-System für schnellen Werkzeugwechsel, Landsberg 1995.

Shirose, K.: TPM. New Implementation Program in Fabrication and Assembly Industries, 6. Aufl., Tokyo 2005.

Suzaki, K.: The New Shop Floor Management. Empowering People for Continuous Improvement, New York 1993.

Suzuki, T.: TPM in Process Industries, New York 1994.

Wiegang, B.; Franck, P.: Lean Administration I. So werden Geschäftsprozesse transparent, 2. Aufl., Aachen 2006.

Weiterführende Literatur

Borris, S.: Total Productive Maintenance, New York 2006.

Davis, R.K.: Productivity Improvements through TPM. The Philosophy and Application of Total Productive Maintenance, Hertfordshire 1995.

Gotoh, F.: Equipment Planning for TPM. Maintenance Prevention Design, Cambridge 1991.

Hirano, H.: 5 Pillars of the Visual Workplace. The Sourcebook for 5S Implementation, New York 1995.

Maggard, B.: TPM. Instandhaltung, die funktioniert, Landsberg 1995

Matyas, K.: Taschenbuch Instandhaltungslogistik. Qualität und Produktivität steigern, 2. Auflage. München/Wien 2005.

McCarthy, D.; Rich, N.: Lean TPM. A Blueprint for Change, Burlington 2004.

Nachi-Fujikoshi Corporation (Hrsg.): Training for TPM. A Manufacturing Success Story, Cambridge 1990.

Niessen, J.: TPM-Assessment. Ein Hilfsmittel zur strukturierten Einführung und Bewertung des TPM-Konzeptes im Instandhaltungsmanagement, Aachen 2001.

Robinson, C.J.; Ginder, A.P.: Implementing TPM. The North American Experience, New York 1995.

Sekine, K.; Arai, K.: TPM for the Lean Factory. Innovative Methods and Worksheets for Equipment Management, Portland 1998.

Shingo, S.: Zero Quality Control: Source Inspection and the Poka-yoke System, New York 1986.

Society of Manufacturing Engineers: Total Productive Maintenance in America, Dearborn 1995.

Steinbacher, H.R.; Steinbacher, N.L.: TPM for America. What it is and why you need it, Portland 1993.

Suehiro, K.: Eliminating Minor Stoppages on Automated Lines, New York 1987.

Suzuki, T.: New Directions for TPM, Cambridge 1992.

Takahashi, Y.; Osada, T.: TPM Total Productive Maintenance, New York 1990.

Top (Hrsg.): Mit TPM in die Zukunft. Fünf innovative Konzepte aus der Praxis, Frankfurt am Main 2002.

Troy, C.: Moderne Instandhaltung TPM – Total Productive Maintenance. Wettbewerbsfähiger durch ganzheitliche Instandhaltung, Eschborn 2001.

Willmott, P.; McCarthy, D.: TPM – A Route to World-Class Performance, Oxford 2001.

Stichwortverzeichnis

5S (5A)-Aktion	101
5W1H-Analyse	95
5-mal-Warum-Analyse	94
8er-Methode	73
8-Säulen-Modell	19
Ablagestandard	79
Abnormalitäten	36, 42
Akzeptanz	48
Analyseverfahren	37
Anfahrverluste	28
Anlagenausfälle	28
Anlagenkonstruktion	69
Anlagenkonzept	69
Anlagenlogbücher	52
Anlagenzuverlässigkeit	40
Anlaufmanagement	68
Anlaufüberwachung	68
Arbeitssicherheit	83
Ausbeuteverluste	30
Ausschuss	29
Autonome Instandhaltung	40
Autonome Instandhaltung, Aufgaben	42
Autonome Instandhaltung, sieben Stufen	43
Deming	13
Effizienz	27
Eisbergmodell	36
Energieverluste	30
Exzellenz	12
Fachkompetenz	57
Fehlerkultur	119
Fischgrät-Diagramm	98
Führungsmodell	117
Führungs-Strategien	114
Führungsverhalten	116
Gemba	14
Geplante Instandhaltung	50
Geplante Instandhaltung, sieben Stufen	52
Geschwindigkeitsverluste	28
Gesundheitsschutz	85

Grundinspektion	41
Hancho	48
Heinrichs Gesetz	83
Hoshin Kanri	17
Instandhaltung, vorausschauende	55
Instandhaltung, vorbeugende	12
Instandhaltung, zeitgeführte	53
Instandhaltungstätigkeiten, Reduzierung von	44
Ishikawa-Diagramm	98
Japan Institute of Plant Maintenance (JIPM)	15
Just-in-Time-Prinzip	13
Kaizen	14, 18, 26
Kompetenzmanagement	56
Kontinuierliche Verbesserung (KVP)	18, 26
Kontinuierliche Verbesserung, sieben Schritte	36
Kontinuierliche Verbesserung, Ziele	26
Kurzstillstände	28
Leistungsgrad	32
Logistik	30
Lohnbuchhaltung	80
Makigami	99
Managementverluste	30
Mängelkarten	41
Methodenkompetenz	57
MTBF	51
MTTR	51
Muda	14, 26, 27
N5W-Analyse	96
Nacharbeit	29
Nachhaltigkeit	103, 137
NTT (no-touch-time)	51
Null-Linie (Null-Fehler-Linie)	50
OEE	31
Office-TPM	76
Operational Excellence Reference Modell	16
Operational Excellence, Award for	135
Operational Excellence, Begriff	16
Overall Equipment Effectiveness	siehe OEE
Pareto-Analyse	84
Pareto-Diagramm	37, 96
PDCA-Kreis	38

Poka-yoke	73
Policy Deployment	17
PQCDSM	16, 125
Produktentwicklung	69
Prozessfähigkeitsuntersuchung	72
Prozessmapping	80
Prozessverbesserung	79
Qualifizierung	48
Qualitätserhaltung	72
Qualitätsgrad	33
Qualitätsinstandhaltung	72
Qualitätsmanagement-Matrix	74
Reinigungszeiten	44
Ressourcen	11
Rüsten	28
Schulung und Ausbildung	56
Selbstorganisation	78
Six Sigma	72
Skill-Matrix	59
SMED	28
Sozialkompetenz	58
Standardisierung	39
Standards	46, 103
Stillstände	28
Team, flexibles Arbeiten im	80
Total Productive Maintenance	13
Toyota Production System (TPS)	12
TPM, Begriff	14
TPM, Einführung	125
TPM, Managementsystem	12
TPM, Ziele	15
TPM-Grundideen	13
Umweltschutz	82
Unfälle	83
Unternehmenskultur	15
Veränderungs-Prozess, Start eines	110
Verbesserungsteam	37
Verfügbarkeitsgrad	32
Verlustarten	27
Verluste, sieben große	27
Verschmutzungsquellen	44

Verschwendung	26
Verschwendungsarten	27
Wartungspläne	44
Werkzeugwechsel	28
Zahlen, Daten, Fakten (ZDF)	74
Zeitmanagement	76
Zielkategorien	16

Weitere Bücher aus der Reihe „Operational Excellence"

„Schnellrüsten: Auf dem Weg zur verlustfreien Produktion mit Single Minute Exchange of Die (SMED)" von Blom Product Development Team

Single Minute Exchange of Die (SMED) ist eine starke, jedoch einfache Methode um Wartezeiten in Prozessen zu verkürzen. Die SMED-Methode wird in industriellen Produktionsprozessen aber auch bei Arbeitsabläufen im Gesundheitswesen und in der Verwaltung angewendet. In diesem Werk wird die SMED-Methode in Kombination mit dem PDCA-Optimierungszyklus von Dr. Deming beschrieben. Anhand praktischer Beispiele und Tipps lernt der Leser schrittweise den Weg zum Schnellrüsten kennen.

ISBN: 9-783940-775-02-3

„World Class Processes. Rendite steigern durch innovatives Verbesserungsmanagement – oder wie Sie gemeinsam mit Ihren Mitarbeitern betriebliche Prozesse auf Weltklasseniveau erreichen" von R. Glahn

In nur fünf Jahren die Rendite von knapp drei Prozent auf einen guten zweistelligen Prozentsatz steigern – Fiktion oder Wirklichkeit? Als Leiter des Bereichs „Inhouse-Consulting" hat der Verfasser des vorliegenden Buchs einen Veränderungsprozess geleitet, der zu diesem Ergebnis geführt hat. Mit den Darstellungen in diesem Buch wird die Vorgehensweise für jedes Unternehmen umsetzbar.

Dargestellt wird eine unkomplizierte Vorgehensweise, die sich auf ein 3-Level-Modell stützt. Dieses Modell bildet den konzeptionellen Rahmen für ein Verbesserungsmanagement, das sich durch Vertrauen in die Fähigkeiten und Erfahrungen der Mitarbeiter auszeichnet. Es wird deutlich, wie Mitarbeiter bereitwillig Verantwortung für die Verbesserung von Arbeitsabläufen übernehmen und so das Unternehmen zu außergewöhnlichem Erfolg führen.

ISBN: 9-783940-775-03-0

„KVP im Team. Zielgerichtete betriebliche Verbesserungen mit Small Group Activity (SGA)" von M. de Groot, B. Teeuwen und M. Tielemans

Small Group Activity (SGA) ist eine teamorientierte Methode zur Problemlösung und kontinuierlichen betrieblichen Verbesserung. In diesem Buch wird die SGA-Methode sehr verständlich und ausführlich beschrieben. Der Leser erhält eine konkrete Anleitung zur möglichst optimalen Ausgestaltung von SGAs. Die unterschiedlichen Aufgaben der SGA-Mitglieder werden erörtert, darüber hinaus wird die Anwendung des Optimierungszyklus (PDCA) ausführlich dargelegt. Ergänzt werden die Ausführungen durch eine Vielzahl praktischer Beispiele und eine Beschreibung der wichtigsten Werkzeuge. Das Buch wendet sich an Teamleiter, KVP- und TPM-Beauftragte sowie betriebliche Fach- und Führungskräfte, die einen KVP-Prozess in ihrem Unternehmen etablieren wollen.

ISBN: 9-783940-775-01-6

„OEE für das Produktionsteam Das vollständige OEE-Benutzerhandbuch" von Arno Koch

Ihr Maschinenpark ist möglicherweise doppelt so groß, als sie vermuten. Neben jeder Maschine steht nämlich oft noch eine ‚verborgene' Maschine. Die Kunst besteht darin, diese verborgenen Kapazitäten zu erkennen, sichtbar zu machen und zu nutzen. Dieses Buch liefert Ihnen den Schlüssel um die verborgenen Maschine zu entdecken:
Overall Equipment Effectiveness (OEE) oder zu Deutsch Gesamtanlageneffektivität (GEFF). Das ursprünglich aus Japan kommende Instrument OEE macht Produktionsverluste sichtbar, so dass diese durch Optimierungsstrategien wie TPM (Total Productive Management), Lean Production oder Six Sigma beseitigt werden können.

ISBN: 9-783940-775-04-7

IHRE NOTIZEN

IHRE NOTIZEN

IHRE NOTIZEN

IHRE NOTIZEN

IHRE NOTIZEN

IHRE NOTIZEN

IHRE NOTIZEN

IHRE NOTIZEN